MAGICAL GRAVITY

少年读经典.第一辑

[美] 乔治·伽莫夫 _____ 原著

李异鸣 _____ 主编

哈尔滨出版社
HARBIN PUBLISHING HOUSE

图书在版编目（CIP）数据

神奇的万有引力 / 李异鸣主编. —哈尔滨：哈尔
滨出版社，2021.10
（少年读经典. 第一辑）
ISBN 978-7-5484-6274-3

Ⅰ. ①神… Ⅱ. ①李… Ⅲ. ①万有引力定律 – 少儿读
物 Ⅳ. ①O314–49

中国版本图书馆CIP数据核字（2021）第180170号

书　　名：**神奇的万有引力**
SHENQI DE WAN YOU YINLI

作　　者：李异鸣　主编
责任编辑：尉晓敏　孙　迪
责任审校：李　战
封面设计：沈加坤

出版发行：哈尔滨出版社（Harbin Publishing House）
社　　址：哈尔滨市香坊区泰山路82-9号　　邮编：150090
经　　销：全国新华书店
印　　刷：天津文林印务有限公司
网　　址：www.hrbcbs.com
E－mail：hrbcbs@yeah.net
编辑版权热线：（0451）87900271　87900272
销售热线：（0451）87900202　87900203

开　　本：710mm×1000mm　　　1/16　　印张：76　　字数：958千字
版　　次：2021年10月第1版
印　　次：2021年10月第1次印刷
书　　号：ISBN 978-7-5484-6274-3
定　　价：193.00元（全6册）

凡购本社图书发现印装错误，请与本社印制部联系调换。　服务热线：（0451）87900279

致奎格·牛顿

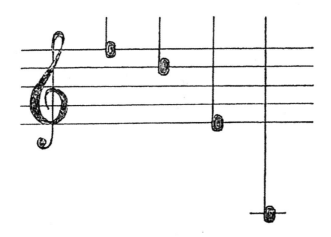

他读了我所有的书

前言

引力主宰着宇宙。它把银河系的千亿颗恒星聚集在一起；它使地球绕着太阳转，月球绕着地球转；它使成熟的苹果和失能的飞机落到地上。在人类认识万有引力的历史上，有三个伟大的名字。伽利略·伽利雷，他是第一个详细研究自由落体和限制性落体过程的人；艾萨克·牛顿，他首先提出了万有引力是一种一般力的概念；爱因斯坦，他说万有引力不过是四维时空连续体的曲率。

在这本书中，我们将对万有引力理论发展的三个阶段进行梳理，用一章来介绍伽利略的开创性工作，用六章来介绍牛顿的思想及其后来的发展，用一章来介绍爱因斯坦，用一章来介绍后宾斯坦关于万有引力与其他物理现象之间关系的推测。这个提纲中强调"经典"，是因为万有引力理论是一个经典理论。在万有引力与电磁场和物质粒子之间很有可能存在着一种隐性的关系，但今天没有人准备好说出这是一种什么关系，而且没有办法预知在这个方向上需要多长时间才能取得进一步的重要进展。

考虑到万有引力理论的"经典"部分，笔者不得不对数学的运用做出一个重要决定。当牛顿第一次提出"万有引力"的思想时，数学还没有发展到可以让他遵循其思想的所有天文后果的程度。因此，牛顿不得不发展出他的数学体系，现在被称为微分学和积分学，主要是为了回答他的万有引力理论所提出的问题。因此，在本书中加入微积分的基本原理的讨论似乎是合理的，而且不仅仅是从历史的角度来看，这个决定导致在第三章中数学公式占据了相当大的篇幅。凡是有胆量专心致力于这一章的读者，一定会因这一章而获益匪浅，成为他进一步研究物理学的基础。另一方面，那些被数学公式吓倒的人可以跳过那一章，而不会对一般的理解有太大的损害。但是，如果你想学物理，请一定要努力理解第三章！

乔治·伽莫夫

科罗拉多大学 1961 年 1 月 13 日

目　录

第一章

物体如何下落

　　"上"和"下"的概念可以追溯到远古时期，"万物有起终有落"的说法可能是由尼安德特人提出的。在古时候，人们认为世界是平的，"上"是通往天堂，即神的居所，而"下"是通往阴间的方向。凡是不属神的东西都有自然而然地坠落的倾向，一个从天上掉下来的天使，必然会在下面的地狱中结束。尽管古希腊伟大的天文学家，如埃拉托斯泰尼和亚里士多德，提出了地球是圆的最有说服力的论点；但空间中绝对的上下方向的概念一直持续到中世纪，并被用来嘲笑地球可能是球形的想法。事实上，有人认为，如果地球是圆的，那么生活在地球另一端的"反面人"，就会从地球上掉落到下面的空地上，更糟糕的是，所有的海水都会从地球上往同一个方向倾泻而下。

　　当麦哲伦环游世界之旅终于在大家的眼中确立了地球的球体性时，作为空间中绝对方向的上下方向的概念不得不被改变。地球被认为是居于宇宙的中心，而所有的天体都是以水晶球为圆心，围绕着地球盘旋。这种宇宙观或宇宙学的概念，源于希腊天文学家托勒密和哲学家亚里士多德。所有物质物体的自然运动都是以地球为中心，只有火，因为它有神性的东西，所以它违背了这一规律，从燃烧的原木上射向上方。几个世纪以来，亚里士多德的哲学和学派主义支配着人类的思想。科学问题的回答是用辩证法的论证（也就是说，仅仅通过交谈），没有人试图通过直接实验来检验所做的陈述的正确性。例如，人们认为重的物体比轻的物体落下的速度要快，但我们从那个时代起就没有研究物体落下运动的记录。哲学家们的借口是，自由落体的速度太快，人眼无法跟踪。

　　在科学和艺术开始从中世纪的黑暗沉睡中苏醒的时候，意大利著名科学家伽利略·伽利雷（1564—1642 年）提出了第一个真正科学的方法来解决事物如何下落的问题。根据这个丰富多彩，但可能不是真实的故事，这一切都源于某一天，年轻的伽利略在比萨大教堂望弥撒时，心不在焉地看着一个烛台，一个侍者把烛台拉到一边点燃蜡烛后来回摆动（图1）。伽利略注意到，虽然随着烛台的停止，连续的摆动幅度越来越小，但每次摆动的时间（振荡期）都没有变化。回到家后，他决定用悬挂在绳子上的石头来检查这一偶然的观察现象，并通过计算自己的脉搏来测量摇摆周期。是的，他是对的，摆动周期几乎没有变化，而摆动的时间却越来越短。伽利略是个好奇心强的人，他开始做实验，用不同重量的石头和不同长度的绳子做实验。这些研究使他有了一个惊人的发现。虽然摆动周期取决于弦的长度（长的弦更长），但它与悬挂的石头的重量无关。这个观察结果无疑是与公认的教条相矛盾的，即重的物体比轻的物体落下的速度要快。事实上，钟摆的运动不过是重物在绳子的限制下从垂直方向上偏转的自由落下，使重物沿着以悬空点为中心的圆弧运动（图1）。

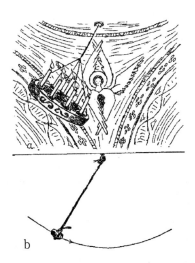

图1　一个烛台（a）和一块石头（b）在绳子上摆动，如果悬架的长度相等，则摆动的周期相同

　　如果轻的和重的物体悬挂在等长的绳子上，以同样的角度偏转，轻的和重的物体下坠的时间是一样的，那么，如果从同一高度同时下坠，它们下坠的时间也应该是一样的。为了向亚里士多德学派的信徒们证明这一事实，伽利略爬上比萨斜塔或其他的塔楼（或许是委托一个学生来做），将两个砝码，一个轻的和一个重的同时脱手，它们同时落地，让他的反对者们大吃一惊（图2）。

　　关于这个演示实验似乎没有正式的记录，但事实是，伽利略是发现自由落体的速度与落体的质量无关的人。这个说法后来被许多更确切的实验证明了，而且在伽利略去世272年后，爱因斯坦将其作为他的相对论万有引力理论的基础，这将在本书后面讨论。

　　不用去比萨，就可以很容易地重复伽利略的实验。只要拿一枚硬币和一张小纸片，从同样的高度同时掉落到地面上就可以了。硬币会快速下落，而小纸片在空中停留的时间要长得多。但如果你把纸片揉成一个小球，再把它卷成一个小球，它掉落的速度几乎和硬币一样快。如果你让一个长长的玻璃筒子抽出空气，你会发现，一枚硬币、一张未揉碎的纸片和一根羽毛会以完全相同的速度在筒内下落。

　　伽利略在研究坠落体的下一步是找到坠落时间和覆盖距离之间的数学关系。由于自由落体的速度确实太快了，人眼无法详细观察到，而且伽利略并不具备快速电影摄影机这样的现代设备，所以他决定"削弱"引力，让不同材质的球从倾斜的平面上滚下，而不是直接落下。他正确地认为，由于倾斜的平面为放置在上面的重物提供了部分支撑，所以接下来的运动应该类似于自由落体，只是时间的长短会根据坡度的不同而延长一个系数。为了计算时间，他使用了一个水钟，一个带水龙头的装置，可以打开和关闭。他可以通过称量不同时间间隔内从水嘴里倒出的水的数量来计算

图 2 伽利略在比萨斜塔的实验

时间的间隔。伽利略标出了物体在等间隔时间内滚动下来的连续位置。

你不难发现重复伽利略的实验，并检查他所得到的结果[1]，取一块 6 英尺长的光滑木板，将木板的一端离地面 2 英寸，在木板下放几本书（图 3a）。木板的斜率是 $\frac{2}{6\times12}=\frac{1}{36}$，这也将是作用在物体上的重力的系数，现在取一个金属圆柱体（它比球更不容易从木板上端滚下），让它从木板的上端不用力，让它离开木板。听嘀嗒声的时钟或节拍器（如音乐系学生用的），在第一秒、第二秒、第三秒、第四秒结束时，在滚动的圆柱体的位置上做记号。（这个实验要重复几次，才能准确地得到这些位置）。在这些条件下，连续距离上端的距离将是 0.53，2.14，4.82，8.50，13.0 英寸。我们注意到，正如伽利略所做的那样，第二、三、四秒末的距离分别是第一秒末距离的 4，9，16，25 倍。这个实验证明，自由落体速度的增加，使运动物体所覆盖的距离随着运动时间的平方增加。（$4=2^2$；$9=3^2$；$16=4^2$；$25=5^2$）用一个木制圆柱体和一个更轻的圆木制成的圆柱体重复这个实验，你会发现，在连续的时间间隔结束时，运动速度和所覆盖的距离都不变。

当时伽利略面临的问题是找到速度随时间变化的规律，从而得出上述的距离 - 时间依赖性。伽利略在他的《关于两门新科学的对话》一书中写道，如果运动速度与时间的第一次幂成正比，那么所覆盖的距离就会随着时间的平方而增加。在图 3b 中，我们给出了伽利略论点的一个现代形式。如果速度 v 与时间 t 成正比，我们将得到一条从 (o,o) 到 (t,v) 的直线。现在，让我们把从 o 到 t 的时间间隔分成大量的极短的时间间隔，如

---

1 笔者不是实验家，不能根据自己的经验说做伽利略的实验有多容易。不过，从各种渠道听说，事实上，这并不是那么容易的，建议本书的读者朋友们可以试试自己的本领。

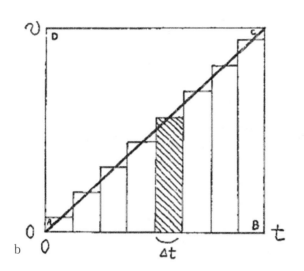

图 3 倾斜平面上的滚动圆柱体（a）；伽利略的整合方法（b）

图所示，画出垂直线，从而形成大量的细高矩形。现在，我们可以用一种阶梯来代替与物体连续运动相对应的平滑斜率，在这种阶梯中，速度以小的增量突然变化，并在短时间内保持不变，直到下一次的急拉发生。如果我们把时间间隔分得越来越短，数量越来越大，平滑斜率和阶梯之间的差异就会越来越小，当分界线的数量变得无限大时，就会消失。

在每一个短的时间间隔内，假定运动以一个与该时间间隔相对应的恒定速度进行，所覆盖的距离等于这个速度乘以时间间隔。但由于速度等于细长方形的高度，时间间隔等于它的底边，这个乘积等于长方形的面积。

对每个细长方形重复同样的讨论，我们得出的结论是，在时间间隔

（O，t）内所覆盖的总距离等于阶梯的面积，或者说，在极限情况下，等于三角形 ABC 的面积。但这个面积是矩形 $ABCD$ 的二分之一，而矩形 $ABCD$ 的面积反过来又等于它的底面 t 与它的高 v 的乘积，因此，我们可以写出在时间间隔 t 内覆盖的距离。

$$s = \frac{1}{2}vt$$

其中 v 是时间 t 的速度，但是，根据我们的假设，v 与 t 成正比，因此：

$$v = at$$

其中 a 是一个常数，称为加速度或速度变化率。将这两个公式结合起来，我们可以得到：

$$s = \frac{1}{2}at^2$$

这证明了覆盖的距离随着时间的平方而增加。

公元前 3 世纪，希腊数学家阿基米德在推导圆锥体和其他几何体的体积时，将一个几何图形分成大量的小部分，并考虑当这些小部分的数量变得无限大而体积无限小时，会发生什么。但伽利略是第一个将这一方法应用于力学现象的人，从而奠定了这门学科的基础，而这门学科后来在牛顿的手中，发展成为数学科学最重要的分支之一。

伽利略对年轻的力学科学的另一个重要贡献是发现了运动叠加原理。我们向水平方向抛出一块石头，如果没有万有引力，石头会像台球桌上的球一样，沿着一条直线运动。反之，如果我们只是把石子扔下去，它就会以我们描述的速度垂直下落。实际上，我们有两种运动的叠加：石头以恒定的速度在水平方向上运动，同时以加速的方式落下。这种情况如图 4 所示，图中编号的水平和垂直箭头代表两种运动的距离。石头的位置也可以由单箭头（白色箭头）给出，这些箭头越来越长，并绕原点转动。

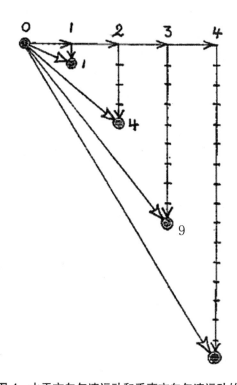

图4 水平方向匀速运动和垂直方向匀速运动的组合

　　像这样显示移动物体相对于原点的连续位置的箭头称为位移矢量，其特征是其长度和在空间中的方向。如果物体经历了几个连续的位移，每个位移都由相应的位移矢量来描述，那么最终位置可以由一个称为原始位移矢量之和的位移矢量来描述。您只需从上一个箭头的末端开始绘制每个后续箭头（图4），然后用一条直线将最后一个箭头的末端与第一个箭头的开头连接起来。简单地说，举个小例子，一架从纽约飞往芝加哥、从芝加哥飞往丹佛、从丹佛飞往达拉斯的飞机，本来可以在两个城市之间直线飞行，从纽约飞往达拉斯。两个矢量相加的另一种方法是从同一点绘制两个箭头，完成平行四边形并绘制其对角线，如图 5a 和 b 所示。比较两个图形，很容易理解它们都会导致相同的结果。

位移矢量及其加法的概念可以扩展到其他在空间中具有一定方向的机械量。想象一下，一艘航空母舰在西北向北的航道上做了这么多节的运动，而一个水手以每分钟多少英尺的速度从右舷向左舷跑过它的甲板。这两种运动都可以用箭头指向运动方向，长度与相应的速度成正比的箭头来表示（当然必须用相同的单位来表示）。水手相对于水的速度是多少？我们要做的就是根据规则将两个速度矢量相加，即通过构造由两个原始矢量定义的平行四边形的对角线来表示。

力也可以用矢量来表示，表示作用力的方向和作用力的大小，并可以根据同样的规则添加。例如，让我们考虑一下作用在倾斜平面上的物体上的引力矢量（图 5c）。当然，这个向量是垂直向下的，但是颠倒一下矢量的加法，我们可以把它表示为两个（或更多）指向给定方向的矢量之和。在我们的例子中，我们希望一个分量指向斜面的方向，另一个分量指向垂直于斜面的方向，如图所示。我们注意到，直角三角形 ABC（斜面的几何图形）和 ABC（由矢量 F、F_p 和 F_t 形成的直角三角形）是相似的，分别在 A 和 a 处有相等的角度。根据欧几里得几何图形，可知

$$\frac{F_2}{F} = \frac{BC}{AC}$$

而这个方程式证明了我们关于伽利略用倾斜的平面实验的说法。

利用倾斜的平面实验获得的数据，可以发现自由落体的加速度为 386.2 英寸 / 秒^2，或者在公制中，981 厘米 / 秒^2，这个值随地球表面的纬度和海平面以上的海拔高度而略有变化。

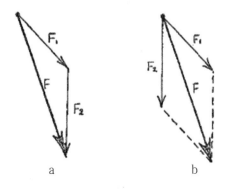

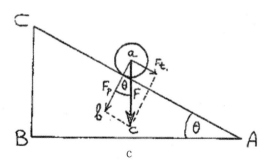

图5　a 和 b 两种矢量相加的方法；c 作用在倾斜平面上的圆柱体上的力

第二章

苹果和月亮

艾萨克·牛顿通过观看从树上掉下的苹果发现了万有引力定律的故事（图6），可能像伽利略观看比萨大教堂的烛台或从斜塔上掉下砝码的故事一样传奇，也可能不那么传奇，但它加强了苹果在传奇和历史中的作用。牛顿的苹果理所当然地如同夏娃的苹果一样，具有一席之地，夏娃的苹果导致其被逐出天堂，厄里斯的苹果引发了特洛伊战争，而威廉·退尔的苹果则促成了世界上最稳定、最热爱和平的国家之一的形成。

毫无疑问，当23岁的牛顿在沉思万有引力的本质时，他有充分的机会观察到了坠落的苹果。当时他正在林肯郡的一个农场里待着，以躲避1665年降临伦敦的大瘟疫，这导致剑桥大学暂时关闭。牛顿在他的著作中说："在这一年里，我开始思考引力延伸到月球的轨道上，并将月球在其轨道上所需的力与地球表面的引力进行了比较。"关于这个问题的论点，他后来在其《自然哲学的数学原理》一书中给出，大致如下：如果我们站在山顶上向水平方向射出一颗子弹，它的运动由两个部分组成，即（1）以原来的枪口速度做水平运动；（2）在引力作用下，做加速自由落体运动。由于这两种运动的叠加，子弹将描绘出一条抛物线轨迹，在一定距离内击中地面。如果地球是平的，即使子弹的落点可能离枪口很远，子弹总是会击中地球。由于地球是圆的，它的表面在子弹的轨迹下不断地弯曲，在一定的极限速度下，子弹的弯曲弹道会跟随地球的曲率而弯曲。因此，如果没有空气阻力，子弹永远不会落到地面上，而是继续以恒定的高度绕着地球盘旋。这是第一个关于人造卫星的理论，牛顿用一张图来说明这个理论，与我们今天在流行的火箭和卫星的文章中看到的非常相似。当然，卫星不是从山顶上射出的，而是几乎先将卫星垂直升起，超过了地面大气层的极

图 6 艾萨克·牛顿在林肯郡农场

限，然后给予必要的水平速度做圆周运动。考虑到月球的运动是一个持续不断的下落，一直没有落到地球，牛顿可以计算出作用在月球物质上的重力。这一计算以某种现代化的形式进行如下（图7）：

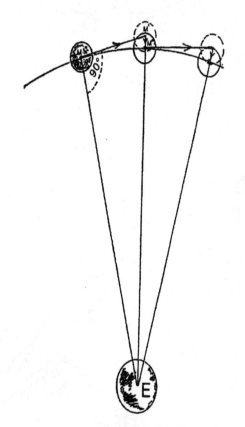

图 7　月球加速度的计算

考虑月球绕着地球的圆轨道运动（图7），如果月球不被地球吸引，它就会沿着一条直线运动，经过一段短暂的时间间隔 Δt 后，就会在 M' 的位置，$MM'=v\Delta t$。但是，月球的运动还有另一个成分，即向地球做自由落体运动。因此，它的轨迹是曲线，它不是到达 M'，而是到达其圆周轨道上

的点 M''，拉伸 $\overline{M''M'}$ 是它在时间间隔 Δt 期间向地球下降的距离。现在，考虑直角三角形 EMM'，并将毕达哥拉斯定理应用于它，即在一个直角三角形中，与直角相对的那条边上的正方形的面积等于另外两条边上的正方形的面积之和。我们可以得到：

$$(\overline{EM''} + \overline{M''M'})^2 = \overline{EM}^2 + \overline{MM'}^2$$

或者，打开括号。

$$\overline{EM''}^2 + 2\overline{EM''} \cdot \overline{M''M'} + \overline{M''M'}^2 = \overline{EM}^2 + \overline{MM'}^2$$

既然 $\overline{EM''} = \overline{EM}$，那么我们就把方程两边的这些项去掉，然后除以 $2EM$，我们得到

$$\overline{M''M'} + \frac{\overline{M''M'}^2}{2\overline{EM}} = \frac{\overline{MM'}^2}{2\overline{EM}}$$

现在有一个重要的论点。如果我们考虑的时间间隔越来越短，$M''M'$ 相应地变小，左边的两项越来越接近于零。但是，由于第二项包含了 $M''M'$ 的平方，所以它比第一项更快地归零。事实上，如果 $\overline{M''M'}$ 取值为：

$$\frac{1}{10}, \frac{1}{100}, \frac{1}{1000}; \text{ 等。}$$

它的平方就变成：

$$\frac{1}{100}, \frac{1}{10000}, \frac{1}{1000000}; \text{ 等。}$$

因此，对于足够小的时间间隔，我们可以忽略左边的第二项，与第一项相比，写成：

$$\overline{M''M'} = \frac{\overline{MM'}^2}{2\overline{EM}}$$

当然，只有当 $\overline{M''M'}$ 是无穷小的时候，才会完全正确。

既然 $\overline{MM'}=v\Delta t$，而且 $\overline{EM}=R$，我们可以将上面的内容改写为：

$$\overline{M''M'}=\frac{1}{2}\left(\frac{v^2}{R}\right)\Delta t^2$$

在讨论伽利略对坠落定律的研究时，我们已经看到，在时间间隔 Δt 期间所走过的距离是 $\frac{1}{2}a\Delta t^2$，其中 a 是加速度，因此，比较这两个表达式，我们可以得出结论，$\frac{v^2}{R}$ 代表月球不断向地球坠落的加速度 a，一直以来都是月球向地球下落的。

因此，我们可以写出这个加速度。

$$a=\frac{v^2}{R}=\left(\frac{v}{R}\right)^2 R=\omega^2 R$$

其中

$$\omega=\frac{v}{R}$$

ω 是月球在其轨道上的角速度。任何公转运动的角速度 ω（希腊文字母 ω）都与公转周期 T 有非常简单的联系。

$$\omega=\frac{2\pi v}{2\pi R}=2\pi\frac{v}{s}$$

其中 $s=2\pi R$ 是轨道的总长度。显然，自转周期 T 等于 $\frac{s}{v}$，所以公式为：

$$\omega=\frac{2\pi}{T}$$

月球绕地球转一圈需要 27.3 天，即 2.35×10^6 秒。将此值代入表达式中的 T，我们可以得到：

$$\omega = 2.67 \times 10^{-6} \frac{1}{秒}$$

用 ω 这个值，取 $R=384,400$ 千米 $=3.844 \times 10^{10}$ 厘米，牛顿得到的落月加速度为 0.27 厘米 / 秒^2，比地球表面的加速度 981 厘米 / 秒^2 小约 3640 倍。由此可见，引力随离地球的距离而减小。但这种减小的规律是什么？坠落的苹果离地球中心的距离约为 6371 千米，而月球离地球中心的距离为 384400 千米，即 60.1 倍。比较 3640 和 60.1 这两个比值，牛顿注意到，前者几乎完全等于后者的平方。这说明万有引力定律很简单：吸引力随距离的反平方而减小。

但是，如果地球吸引了苹果和月球，为什么不假设太阳吸引了地球和其他行星，使它们保持在自己的轨道上呢？那么，个别行星之间也应该有吸引力，反过来，它们围绕着系统的中心体的运动也应该有吸引力。如果是这样的话，两个苹果也应该互相吸引，尽管它们之间的力可能太弱了，以至我们的感官无法察觉。显然，这种普遍引力的吸引力必须取决于相互作用体的质量。根据牛顿发现的力学基本定律之一，一个给定的力作用在某一物质体上，会向这个物体传递一个与力成正比、与质量成反比的加速度。事实上，要使一个质量为双倍的物体达到相同的速度，需要付出两倍的努力。因此，根据伽利略的发现，所有的物体，不管其重量如何，在重力场中都会以相同的加速度下降，我们必须得出这样的结论：拉它们下来的力与它们的质量成正比。也就是说，与加速度的阻力成正比。而且，如果是这样，引力也可能会与另一个物体的质量成正比。地球和月球之间的引力是非常大的，因为这两个天体的质量都很大。而地球和一个苹果之间的吸引力要弱得多，因为苹果太小。两个苹果之间的吸引力一定是相当微不足道的。通过这样的论证，牛顿得出了"万有引力定律"。根据这个提法，每两个物体之间相互吸引的力与它们的质量的乘积成正比，与它们之间距离的平方成反比。如果我们把 M_1 和 M_2 写成两个相互作用的物体的质量，R 写成它们之间的距离，那么引力的作用力就可以用一个简单的公式来表示。

$$F = \frac{GM_1M_2}{R^2}$$

其中 G（对应引力）是一个普遍的常数。

牛顿没能活到见证他的引力定律在两个比苹果大不了多少的物体之间的直接实验证明，但在他死后的 75 年后，另一位英国人亨利·卡文迪许（Henry Cavendish）证明了这一定律，是无可争议的。为了证明日常大小的天体之间存在引力定律，卡文迪许使用了非常精巧的仪器，在他那个时代代表着实验技术的高度；但在今天的大多数物理教室里都能找到这种仪器，向新生们灌输牛顿的万有引力定律。卡文迪许天平的原理如图 8 所示。一根两端连接着两个小球体的光棒被悬挂在一根像蜘蛛网一样细的长线上，放在一个玻璃箱内，以防止气流干扰。在玻璃盒外面悬挂着两个非常巨大的球体，这些球体可以绕着中心轴旋转。系统达到平衡状态后，大球体的位置发生变化，观察到带着小球体的条形物体由于对大球体的吸引而转动了一定的角度。通过测量偏转角度，知道了线的阻力，卡文迪许可以估算出大球体对小球体的作用力。从这些实验中他发现，如果长度、质量和时间以厘米、克、秒为单位，那么牛顿公式中的系数 G 的数值为 6.66×10^{-8}。用这个数值，可以计算出两个苹果相邻放置的引力相当于十亿分之一盎司的重量！

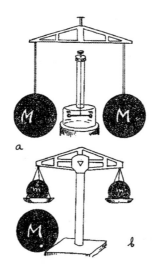

图8 卡文迪许平衡原理 (a) 和男孩的修改 (b)。
卡文迪许平衡的原理 (a) 和 波伊斯的修改 (b)

后来，英国物理学家 C.V.Boys（Sir Charles Vernon Boys 查尔斯·弗农·波伊斯爵士 [1]1855—1944 年）对卡文迪许的实验进行了修改。他在天平上平衡了两个等重的砝码（图 8）后，将一个大球体放在其中一个板子下面，观察到有轻微的偏转；地球仪对该砝码的吸引力因大球体的吸引力而增加。通过观察到的偏转，波伊斯可以计算出球体的质量与地球的质量之比；他发现，地球的重量为 6×10^{24}kg。

---

1 著有《肥皂泡和塑造泡沫的力量》。

第三章

微积分

这似乎很难理解，牛顿在他的科学生涯刚开始的时候就获得了宇宙万有引力的基本思想，但他在 1687 年出版的名著《自然哲学的数学原理》中提出了完整的宇宙万有引力理论的数学提法，却迟迟不肯发表，直到 1687 年才发表。

拖延如此之久的原因是，尽管牛顿对万有引力的物理定律有明确的想法，但他缺乏必要的数学方法来探索他的物质体之间相互作用的基本定律的所有结果。他那个时代的数学知识不足以解决与物质体之间的引力相互作用有关的问题。例如，在上一章所描述的地－月球问题的处理中，牛顿不得不假设引力与这两个天体中心之间的距离的平方成反比。但当苹果被地球吸引时，拉它下来的力是由无数个不同的力组成的；由苹果树根下不同深度岩石的吸引、喜马拉雅山和落基山脉的岩石、太平洋的水，以及地球中心铁心的熔融引起的。为了使之前给出的地球对苹果树和月球的作用力的比值推导在数学上不失真，牛顿必须证明，所有这些力加起来就是一个力，如果地球的所有质量都集中在它的中心，那么这个力就会存在。

这个问题类似于伽利略关于速度不断增加的粒子运动的问题，但比伽利略的问题要复杂得多，这是当时的数学资源所不能解决的，他必须发展自己的数学。他这样做，为现在的微积分打下了基础，也就是所谓的微积分，简单地说，就是微积分。这门数学分支，在今天是所有物理科学研究中绝对的 "必修课"，而且在生物学和其他领域也越来越重要，它与古典数学学科不同的是，它采用的方法是把古典几何中的线、面和体积分成很多非常小的部分，当每个细分的大小归零时，人们考虑的是极限情况下的相互关系。我们在牛顿关于月球加速度的推导中已经遇到过这类论证（第

16 页），在这里，如果我们考虑到月球位置在极短的时间间隔内的变化，方程左侧的第二项与第一项相比，可以忽略不计。让我们考虑一种一般的运动，其中运动物体的坐标 x 是时间的函数，即 t。在最简单的情况下，x 可能与 t 成正比，我们写道：

$$x = At$$

其中，A 是一个常数，使方程的两边相等。

这种情况很简单。我们取两个时间 t 和 $t+\Delta t$ 的时刻，其中 Δt 是一个小的增量，以后要使其等于零。在这个时间区间内所走的距离显然是：

$$A（t+\Delta t）-At=A\Delta t$$

在这种情况下，我们甚至不需要让 Δt 无限小，因为它可以从方程中取消。因此，我们可以得到 x 的时间变化率，或牛顿所称的 "x 的通量"。

$$\dot{x} = A$$

其中，放在变量上方的点表示其变化率。

现在让我们考虑一个更复杂的情况，即

$$x = At^2$$

再次取 t 和 $t+\Delta t$ 的 x 的值，我们可以得到：

$$A（t+\Delta t）^2-At^2$$

并且，打开小括号给出：

$$At^2 + 2At\Delta t + \Delta t^2 - At^2 = 2At\Delta t + \Delta t^2$$

将其除以 Δt，我们得到一个两期表达式：

$$2At + \Delta t$$

当 Δt 变得很小的时候，最后一个项消失了，我们就可以得到 $x=At^2$ 的通量。

$$\dot{x} = 2At$$

看看这一情况：

$$x = At^3$$

我们必须计算出表达式：

$$A(t+\Delta t)^3 - At^3$$

将（$t+\Delta t$）乘以自身三镒，再减去 At^3，就可以得到：

$$A(t^3+3t^2\Delta t+3t\Delta t^2+\Delta t^3)-At^3=3At^2\Delta t + 3At\Delta t^2 + A\Delta t^3$$

并除以 At：

$$3At^2 + 3At\Delta t + A\Delta t^2$$

当 At 变得无限小时，最后两个项消失，我们得到 $x = At^3$ 的通量：

$$\dot{x} = 3At^2$$

我们可以继续进行 $x = At^4$，$x = At^5$ 等，得到通式 $4At^3$，$5At^4$ 等。我们很容易注意到一个一般的规律：$x = At^n$，其中 n 为整数，x 的通量等于 nAt^{n-1}。

在前面的例子中，我们计算的是与时间成正比变化的量的通量，与时间的平方、时间的立方体等成正比变化的量的通量。但是，那些与时间成反比例变化的量，与时间的各种倍数成反比例变化的量呢？我们从代数中可以知道：

$$t^{-1} = \frac{1}{t}\,;\, t^{-2} = \frac{1}{t^2}\,;\, t^{-3} = \frac{1}{t^3}\,;\, 等。$$

用这些负指数，按前文的方法进行，我们发现：

$$x = At^{-1}\,;\, x = At^{-2}\,;\, x = At^{-3}\,;\, 等。$$

是

$$\dot{x} = -At^{-2}\,;\, \dot{x} = -2At^{-3}\,;\, \dot{x} = -3At^{-4}\,;\, 等等。$$

$x=$	At^{-3}；At^{-2}；At^{-1}；At；At^{2}；At^{3}；At^{4}；等
$x=$	$-3At^{-1}$；$-2At^{-3}$；$-At^{-2}$；A；$2At$；$3At^{2}$；$4At^{3}$；等等

在牛顿的记数法中，$\dot{x}$ 表示 x 的变化率，而 $\ddot{x}$ 表示这个变化率的变化率。例如，如果 $x=At^{3}$。

类似地，在同样的例子中，x 是变化率的变化率的变化率的变化率：

$$\dddot{x} = 3At = 6A$$

现在我们可以用伽利略的物质体自由落体公式来试试这些简单的规则。在第一章中我们发现，在时间 t 时覆盖的距离 s 由以下公式给出：

$$s = \frac{1}{2}at^{2}$$

因为速度 v 是位置的变化率，所以我们得到

$$v = \dot{s} = \frac{1}{2}a \cdot 2t = at$$

这说明速度与时间简单地成正比。对于加速度 a，即速度的变化率（或位置变化率的变化率），我们可以得到：

$$a = \ddot{s} = \dot{v} = a$$

当然，这是一个微不足道的结果。

在离开这个话题之前，我们必须注意到，牛顿的通量符号在今天的书籍中很少使用。就在牛顿发展他的通量方法的同时，德国数学家莱布尼茨（Gottfried W. Leibniz），也在沿着同样的思路工作，但是，使用的术语和符号系统有些不同。牛顿称之为第一、第二阶的通量，莱布尼茨称之为第一、第二阶导数，而不是写 $\dot{x}$；$\ddot{x}$；$\dddot{x}$；等，他这么写：

$$\frac{dx}{dt}；\frac{d^{2}x}{dt^{2}}；\frac{d^{3}x}{dt^{3}}；等$$

但是，这两个系统的数学内容当然是一样的。

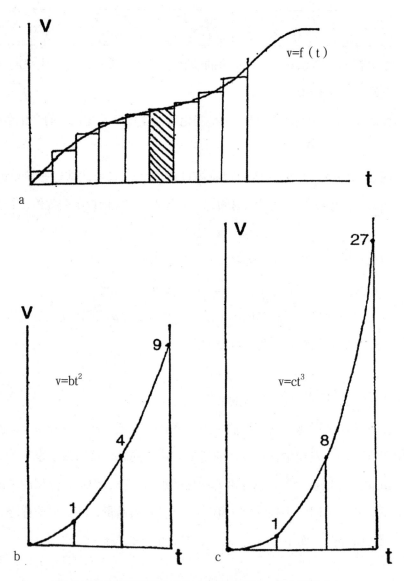

图 9　任意函数的积分 (a)；二次函数 (b)；立方函数 (c)

微分微积分考虑的是当几何图形的各部分变得无限小的时候，这些部分之间的关系，而积分微积分的任务恰恰相反：将无限小的部分整合成最终大小的几何图形。我们在第一章中遇到过这种方法，当时我们描述了伽利略的方法，即把一个非常大的非常细的长方形的面积代表一个粒子在很短的时间间隔内的运动情况，用这个长方形的面积相加的方法。在伽利略之前，希腊数学家也用过类似的方法来求圆锥体的体积和其他简单的几何图形的体积，但当时还不知道解决这类问题的一般方法。

为了理解微分和积分之间的关系，让我们考虑一个点的运动，其速度由函数 $v(t)$ 给出，如图 9 所示。使用与图 3 中的简单情况相同的论据，我们可以得出结论，在时间 t 期间所走过的距离 s 由速度曲线下的面积给出。s 在任何特定时刻的变化率由该时刻的运动速度给出，因此我们可以写出。

$$\dot{s} = v \text{ or } \frac{ds}{dt} = v$$

在牛顿和莱布尼茨的记数法中，分别用牛顿和莱布尼茨的记数法。因此，如果给定 v 为时间的函数，那么 s 必须是这样的时间函数，在匀速运动的情况下，它的通量（或导数）等于 v。

$$v = at$$

因此，我们必须找到一个时间的函数，其通量等于 at。参见第 27 页的表格。我们发现，At^2 的通量为 $2at$。因此，$\frac{1}{2}At^2$ 的导数等于 At。因此，用 a 代替 A，我们发现 $s = \frac{1}{2}at^2$。当然，这与伽利略从纯粹的几何学思考中得到的结果一致。

但是，让我们考虑两种更复杂的情况，一种是速度随着时间的平方而增加，另一种是速度随着时间的立方而增加。对于这两种情况，我们必须

写成：

$$v = bt^2 \text{ 和 } v = ct^3$$

这两种情况在图9中用图来表示，就像前面的简单例子一样，所走的距离用曲线下的面积来表示。但是，由于这里是曲线而不是直线，所以没有简单的几何法则来表示如何找到这些区域。用牛顿的方法，我们再看第27页的表格，发现 At^3 和 At^4 的导数是 $3At^2$ 和 $4At^3$，与给定的速度表达式只在数值系数上有区别。因此，把 $3a=b$ 和 $4a=c$ 放在一起，我们可以发现这两条曲线下的面积。

$$s_b = \frac{1}{3}bt^3 \text{ 和 } s_c = \frac{1}{4}ct^4$$

该方法相当通用，可以用于任何幂的 t，也可以用于更复杂的表达式，如：

$$v = at + bt^2 + ct^3$$

为此，我们得到：

$$s = \frac{1}{2}at^2 + \frac{1}{3}bt^3 + \frac{1}{4}ct^4$$

从讨论中我们可以看出，积分微积分是微分微积分的反面教材：这里的问题是找到导数等于给定函数的未知函数。因此，我们现在可以改写第27页上的表格，改变两行的顺序，改变数值系数，形式为：

$\dot{x} = At^{-1}$; At^{-3}; At^{-2}; A; At; At^2; At^3; 等。

$x = -\frac{A}{3}t^{-3}; -\frac{A}{2}t^{-2}; -At^{-1}; At; \frac{A}{2}t^2; \frac{A}{3}t^3; \frac{A}{4}t^4$; 等。

我们说，x 是 $\dot{x}$ 的一个积分。在牛顿的记法中，我们这么写：

$$x = (\dot{x})'$$

在莱布尼茨的记数法中，我们写道："在括号外的主要强调与 x 上面的点相抵消。

$$x = \int \dot{x} dt$$

在这里，右边前面的符号只是一个拉长的"S"代表和。

让我们把这个新表应用到匀加速运动的旧例中。由于加速度是常数，我们写道：

$$\ddot{x} = a \quad \text{或} \quad \dot{x} = a$$

由此可知：

$$\dot{x} = \int a dt = at$$

整合第二次并查阅我们的新表格，我们得到：

$$x = \int at \cdot dt = \frac{a}{2} t^2$$

这与前述结果相同。如果加速度不是常数，而是与时间成正比，那么我们就可以得到：

$$\ddot{x} = bt$$

$$\dot{x} = \int bt dt = \frac{1}{2} bt^2$$

$$x = \int \frac{1}{2} bt^2 dt = \frac{b}{2} \int t^2 dt = \frac{b}{6} t^3$$

因此，在这种情况下，运动物体所覆盖的距离会随着时间的立方而增加。

微分和积分微积分的基本公式可以扩展到三维，当三个坐标 x, y, z 都存在时，但这一点我们留给觉得前面的讨论太简单的读者。

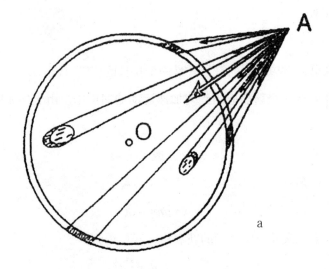

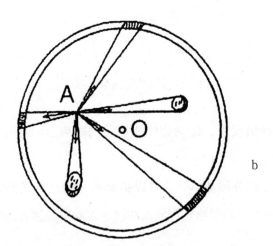

图 10　球壳对外点施加的引力 (a)；同样的东西，只是在内部而不是外部 (b)

在发现了微积分的基本原理之后，牛顿将其应用于解决阻碍他的"万有引力理论"的问题，首先是解决了地球的身体对任何距离其中心任何距离的小物质物体所施加的引力问题。为此，他把地球分成薄薄的同心壳，并分别考虑它们的引力作用（图10）。为了使用积分微积分，我们必须把这些壳的表面分成大量面积相等的小区域，然后根据反平方定律计算出每个区域对物体O施加的引力。这样分析后，就会得到大量的力向量施加在点O上，而这些向量应该根据向量加法法则进行积分。这个问题的实际解决方法已经超出了基本原理所讨论的范围，但牛顿还是设法解决了这个问题。结果是，当点O在球壳外时，所有的向量相加形成一个单一的向量，等于如果球壳的整个质量集中在球壳的中心，就会存在一个引力。当点O在球壳内时，所有向量之和正好为零，所以没有引力作用在物体上。这个结果解决了牛顿关于地球对苹果所施加的吸引力的问题，并证明了他年轻时在林肯农场的果园里所提出的宇宙万有引力定律是合理的。

第四章

行星轨道

现在我们已经学会了一点微积分，我们可以试着把它应用到自然天体和人造天体在引力作用下的运动上。我们先来计算一下，为了摆脱地球引力的束缚，火箭从地球表面射出的速度应该有多快。考虑一下家具搬运工，他们要把一架三角钢琴从街边搬到公寓楼的某一层。大家都会同意（尤其是家具搬运工），把一架三角钢琴搬上三层楼，比搬上一层楼要多花三倍的功夫。搬运重物的工作量也是与重量成正比的，搬六把椅子比搬一把椅子要多出五倍的工作量。

当然，这都是无关紧要的，但要把火箭升到足够高的高度，使其进入规定的轨道，或把火箭升到更高的位置，使其落到月球上，所需的工作又如何呢？在解决这类问题时，我们必须记住，引力随着离地球中心的距离而减小；我们把物体升得越高，就越容易把它升得更高。

图 11 显示了引力随离地心距离的变化。为了计算一个物体从地球表面（离中心的距离 R_0）到距离 R 所需的总功，考虑到引力的持续减小，我们把从 R_0 到 R 的距离分成大量的小区间 dr，并考虑在覆盖这个距离时所做的功。因为对于小的距离变化，重力的作用力可以被认为是实际恒定的（记得家具搬运工），所以做的功是移动物体的力乘以移动的距离的乘积；也就是图 11 中虚线矩形的面积。到了无限小位移的极限，我们可以得出结论，将一个物体从 R_0 提升到 R 的总功是代表吸引力的曲线下的面积，或者用上一章的记号来说，是积分。

$$W = \int_{R_0}^{R} \frac{GMm}{r^2} dr = GMm \int_{R_0}^{R} \frac{1}{r^2} dr$$

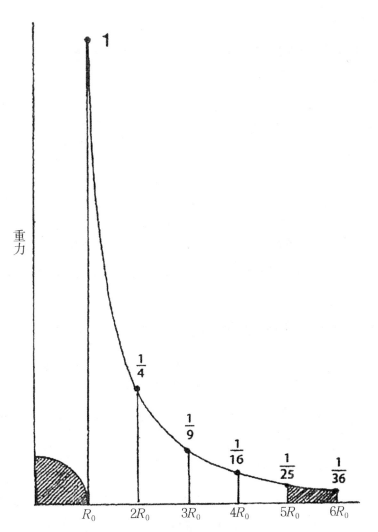

图 11　重力随距离减小（R_0 地球的半径）

（由于在积分的过程中，常数不受影响，所以我们可以将 GMm 从积分符号下去掉，再乘以积分的最终结果。）观察第 27 页的表格，我们发现 $\frac{1}{r^2}$ 的积分是 $-\frac{1}{r}$（因为 $\frac{1}{r}$ 的导数是 $-\frac{1}{r^2}$）。因此，所做的工作是：

$$W = -\frac{GMm}{R} - \left(-\frac{GMm}{R_0}\right) = GMm\left(\frac{1}{R_0} - \frac{1}{R}\right)$$

式子：

$$P_R = -\frac{GM}{R}$$

（指的是被提升的单位质量）被称为引力势，我们说把一个单位质量的物体从地球表面提升到太空中的一定距离所做的功等于这两个地方的引力势之差。

牛顿在研究的早期阶段就知道这些简单的问题，但他要解释行星绕太阳运动的确切定律，以及行星卫星的运动规律，是比牛顿早半个多世纪被德国天文学家约翰尼斯·开普勒发现的，他所面临的工作要困难得多。在研究行星对固定恒星的运动时，开普勒得到了他的老师第谷·布拉赫的数据。开普勒发现，所有行星的轨道都是椭圆，太阳位于两个焦点中的一个位置。古希腊数学家将椭圆定义为：由倾斜于圆锥轴的平面切割的圆锥的横截面；平面的倾角越大，椭圆的长度越长。如果平面与轴线垂直，则椭圆就会退化成圆。椭圆的另一个等效定义是，它是一条闭合的曲线，它的每一个点与长轴上的两个固定点的距离之和总是相同的。这个定义提供了一个方便的方法，如图 12 所示，用两根针和一根线画出一个椭圆。

开普勒的第二条定律指出，行星沿椭圆轨道的运动是以这样一种方式进行的，即连接太阳与行星的假想线以相等的时间间隔扫过行星轨道的等面积（图 12）。

最后，开普勒在 9 年后公布的第三条定律规定，不同行星的旋转周期的平方与它们与太阳的平均距离的立方体的比例相同。因此，例如，水星、金星、火星和木星的距离，用地球与太阳的距离（所谓的 "天文单位" 的距离）表示，分别为 0.387，0.723，1.524，5.203，而它们的公转周期分别为 0.241，0.615，1.881，11.860 年。取第一序列数的立方（距离）和第二序列数的平方（周期），得到相同的数值结果，即 0.0580，0.3785，3.5396，140.85。

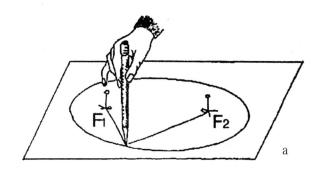

a

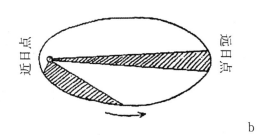

b

图 12　画椭圆的简单方法 (a)；开普勒第二定律 (b)

在他早期的研究中，为了简单起见，牛顿认为月球的轨道完全是圆的，这个近似值使他得出了第二章中提出的万有引力定律的比较基本的推导。但是，在迈出了第一步之后，他必须证明，如果万有引力定律是完全正确的，那么偏离圆的行星轨道一定是以太阳为中心的椭圆。当然，对月球来说也是一样，因为它的轨道不是完全的圆，而是椭圆。牛顿无法用圆和直线的古典几何学来证明，正如前面所讨论的，他发展了微分微积分，主要是为了解决这个问题。上一章中给出的微分微积分的要素不足以重现牛顿的证明过程，即行星轨道应该是椭圆，但希望这个讨论至少能帮助读者理解牛顿是如何解决这个问题的。在图 13 中，我们展示了一个行星沿一定的轨迹 OO' 以一定的速度 v 做的运动，对于这类运动，我们可以很方便地描述行星在任何时刻的位置，给出它与太阳的距离 r，以及从太阳到行星的线（半径向量）与空间中的某个固定方向（比如说与黄道平面内某

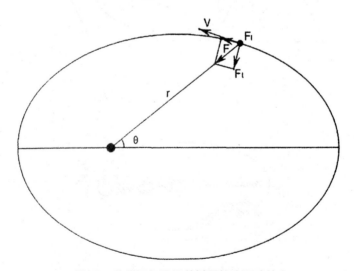

图 13　作用于行星沿其椭圆轨迹运动的力

个固定恒星的方向）形成的角度 $ (θ)。虽然行星的位置由坐标 r 和 θ 给出，但其位置的变化率由通量 r 和 θ 给出，而变化率（即加速度）的变化率由第二通量 r 和 θ 给出。因此，利用力的加法则，我们可以把运动分成两个部分：一个是沿轨道的 Fl，另一个是垂直于轨道的 Ft。[1]

做完这些，并利用牛顿力学的基本定律，即任何方向的运动加速度与作用于该方向的力的分量成正比，就得到了行星运动微分方程。这些方程给出了坐标 r 和 θ，它们的通量 r 和 θ，以及它们的第二通量 r 和 θ 之间的关系，剩下的就是纯数学问题了——只需找到 r 和 θ 必须取决于时间，以使它们的第一通量和第二通量以及它们本身满足微分方程。答案是，运动必须沿着椭圆与太阳为焦点的椭圆进行，在相同的时间间隔内，半径向量扫过的面积相等。

虽然我们在这里只能给出开普勒前两条定律的 "描述性" 推导，但我们可以给出他的第三条定律的精确推导，做一个简化的假设，即行星轨道是圆形的。事实上，我们在第二章中已经看到，圆周运动的向心（指向中心）加速度为 v^2/R，其中 v 是运动体的速度，R 是轨道的半径。由于向心加速度乘以质量一定等于引力的向心加速度，我们可以这样写：

$$\frac{mv^2}{R} = \frac{GMm}{R^2}$$

另一方面，由于环形轨道的长度为 $2\pi R$，所以一圈的周期 T 显然由公式给出。

$$T = \frac{2\pi R}{v}$$

---

1 指数 l 和 t 代表纵向和横向。

由此可见：

$$v = \frac{2\pi R}{T}$$

将 v 的这个值代入第一个方程，我们得到：

$$\frac{m4\pi^2 R^2}{T^2 R} = \frac{GMm}{R^2}$$

或者在两边重新排列并消去 m：

$$4\pi^2 R^3 = GMT^2$$

那么，这就是它的全部内容了！这个公式说 R 的立方与 T 的平方成正比，这正是开普勒的第三定律。

通过更精细的微积分的应用，我们可以证明同样的定律也适用于椭圆轨道的一般情况。

因此，发现了解决他的问题所必需的数学原理，牛顿能够证明太阳系成员的运动确实服从他的万有引力定律。

第五章

地球像旋转的陀螺

在解决了地球引力如何将月球固定在其轨道上的问题，以及太阳的引力如何使地球和其他行星沿椭圆轨迹绕着它运动的问题后，牛顿将注意力转向这两个天体对地球绕其轴线旋转的影响问题。他意识到，由于轴向旋转，地球必须具有压缩球体的形状，因为赤道区域的引力部分由离心力补偿。事实上，地球的赤道半径比极地半径长13英里，赤道处的重力加速度比两极处的重力加速度小0.3%。因此，可以把地球看成是一个被赤道隆起（图14下半部分的阴影区域）包围的球体，在赤道处约13英里厚，在两极处降为零。虽然太阳和月球的引力作用在地球球面部分的物质上的引力相当于在中心施加的单一力，但作用在赤道隆起上的力并不平衡。事实上，由于引力随距离减小而减小，所以作用在球面隆起部分的力 F_1 比作用在对面的力 F_2 要大。因此，出现了一个力矩或扭转力，倾向于使地球的公转轴变直，使其垂直于地球轨道的平面（黄道）或月球轨道的平面。那么，为什么在这些力的作用下，地球的公转轴不会以它的方式转动呢？

要回答这个问题，我们必须认识到，我们的地球实际上是一个巨大的旋转顶，其运动方式就像我们从小熟悉的那个好玩的玩具。在快速旋转时，顶部并没有像表面上看起来应该的那样掉下来，而是保持着一个相对于地面的倾斜位置，在旋转的同时，旋转轴描述了一个围绕着垂直方向的宽大圆锥体（图14中的右上角）。只有在摩擦力的作用下，顶部的旋转速度减慢时，它才会在地板上失效，滚到沙发下面。图14的上半部分显示了一个在理论力学课上使用的旋转顶部的更精细一点的模型。它由一个可以绕着竖轴旋转的叉子 F 组成，支撑着一个可以绕着悬挂点自由上下移

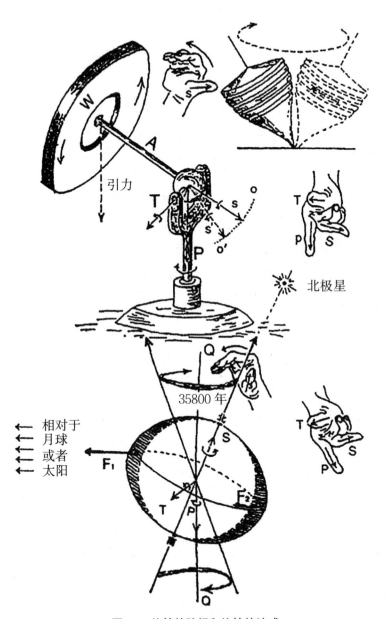

引力

北极星

35800 年

相对于
月球
或者
太阳

图 14 旋转的陀螺和旋转的地球

动的横杆 *A*。在横杆的自由端连接着一个飞轮 *W*，该飞轮在球轴承的轻微摩擦下转动。如果轮子不运动，系统的正常位置将是横杆倾斜向下，轮子靠在台面上。但是，如果我们把轮子设置为快速旋转，就会以完全不同的方式运行，这对于第一次观察到这种现象的人来说几乎是不可思议的。杠和轮子不会掉下来，只要轮子一转，轮子、杠和叉形支撑就会绕着竖轴慢慢地旋转。这就是众所周知的陀螺仪的原理，它有许多实际的应用，其中有"陀螺仪罗盘"，可以引导轮船穿越海洋和飞机在空中航行，还有"陀螺稳定器"，在恶劣天气下防止轮船翻滚和飞机偏航。

陀螺仪最有趣的应用可能是法国物理学家让·佩林（Jean Perrin）发现的，他把一个正在运行的航空陀螺装进一个行李箱，在巴黎火车站托运（当时还没有商业航空公司）。当法国的"小红帽"拿起行李箱，在车站里走过时，想拐个弯，他所携带的行李箱却拒绝同行。当惊愕的"小红帽"用力时，行李箱以一个出人意料的角度转动着箱柄，扭动着"小红帽"的手腕（图15）。他用法语大喊："恶魔一定在里面！""小红帽"扔下行李箱就跑了。一年后，让－佩林获得了诺贝尔奖，这不是因为他的陀螺实验，而是因为他在分子热运动方面的研究成果。

为了理解陀螺仪的特殊行为，我们必须熟悉旋转运动的矢量表示法。在第一章中我们看到，平移运动的速度可以用一个箭头（矢量）来表示，箭头的长度与速度成正比。对于旋转，也可以用类似的方法来表示。沿着旋转轴画出箭头，箭头的长度对应于角速度，单位为每分钟转数（*RPM*）或其他同等单位。箭头的指向方式由"右手螺丝钉"的惯例来解决：如果你把右手弯曲的手指放在旋转方向上，你的拇指就会显示出箭头的正确方向。（当你试图拧开玻璃罐子或其他东西的顶部时，这个规则也是相当实用的。）在图14的上部，矢量 *S* 表示飞轮的旋转速度。由重力引起的力

佩兰的实验

矩（扭转力）通过横穿叉铰链的矢量 T 表示。将平移运动定律扩展到旋转运动的情况下，我们会期望速度的变化率与所施加的力矩成正比。因此，重力对旋转的顶部的影响将是由矢量 S 给定的旋转速度的变化，到由矢量 S' 给定的旋转速度的变化，也就是绕纵轴旋转。而这正是在旋转的顶部的行为中所观察到的。

飞轮的角速度、转矩与所产生的运动之间的空间关系如图 14 所示，用手来表示。如果将右手的中指指向旋转矢量的方向，拇指指向转矩矢量的方向，食指就会表示出系统的旋转结果。

我们刚才所描述的现象被称为进动，是所有旋转的天体的共同现象，无论是恒星或行星、儿童玩具，还是原子中的电子，都是如此。在地球的运动中，进动是由太阳和月球的引力作用引起的，后者起着主要作用，因为后者的质量比太阳小，离地球更近。月球与太阳的综合效应使地球的轴线每年转动 50 角秒，每隔 25800 年，地球就会完成一圈。它导致了春秋开始日期（岁差）的缓慢变化，约在公元前 125 年由希腊天文学家希帕克斯发现，但要等到牛顿提出 "万有引力理论" 后才能得到解释。

第六章

潮汐

　　太阳和月球对地球的另一个更重要的影响是地球的昼夜变化，最明显的是海洋潮汐现象。牛顿意识到，海洋水位的周期性上升和下降是由太阳和月球对海洋水面施加的引力，月球的影响要大得多，因为尽管它比太阳小得多，但它离我们更近。他认为，由于引力会随着距离的增加而减少，所以月光或日光照射地球那一侧的海水所受的引力要比另一侧大，因此必须将海水提升到正常水平以上。

　　许多人第一次听到这种关于海洋潮汐的解释，都会觉得难以理解为什么会有两个潮汐，一个是朝向月球或太阳的一侧，另一个是朝向相反的一侧，海水似乎向着与引力相反的方向运动。为了解释这个问题，我们必须详细讨论一下太阳—地球—月球系统的动力学。如果月球固定在某个特定的位置，坐在地球表面的某个地方的巨塔顶端，或者地球本身在其轨道上的某一点被某种超自然的力量保持静止，那么海水确实会聚集在一边，而另一边的海水会降低。但由于月球围绕着地球公转，而地球围绕着太阳公转，情况就大不相同了。

　　我们首先考虑一下太阳潮汐。由于地球绕太阳运动时，地球保持在一个整体中，所以转向太阳的那一边（图 16a 中的 F）的线速度小于地球中心（C）的线速度，而它的线速度又低于后方的线速度（R）。另一方面，我们在第四章中已经知道，在太阳引力的作用下，圆周轨道运动的线速度必然随着离太阳的距离而减小。因此，点 F 的线速度小于维持圆周运动所需的线速度，因此会有向太阳偏转的趋势，如图 16a 中 F 处的虚线箭头所示。同样地，点 R 的线速度也比圆周运动所需的线速度高，因此会有远离太阳的趋势（R 处的虚线箭头）。因此，如果构成地球的物质的不同部分之间没有吸引力，那么它就会破碎成碎片，以宽大的圆盘的形式散布在整个黄道平面上。然而，这并没有发生，因为地球不同部分之间的引力 G 往往会把它固定在一起。作为一种折中的办法，我们的地球在轨道半径的方向上变成了两边各有两个凸起的拉长。

　　关于月球潮汐，如果记住地球和月球都是围绕着共同的重心运动，那

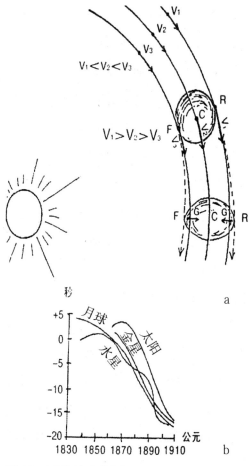

图 16　(a) 潮汐力的起源；(b) 天体运动的明显延迟

么这个论点是完全一样的。由于月球比地球轻 80 倍，所以两体之间的共同重心是地球中心的八十分之一。记住这个距离等于 60 个地球半径，我们可以得出结论，地月系统的重心位于离地球中心的 60/80=3/4 的半径。尽管几何学中有数量上的差异，但物理上的论点仍然是一样的。地球海洋的海水形成了两个隆起，一个指向共同的重心（也是朝向月球的方向），另一个方向相反。

当太阳、地球和月球位于一条直线上时，即在新月和满月期间，月球和太阳的潮汐作用相加，潮汐特别高。然而，在第一和最后一个季度，月球的涨潮与太阳的低潮同时出现，总的影响就会减少。

由于地球不是绝对刚性的，月球 – 太阳潮汐力会使地球本身发生变形，尽管这些变形比液体包层中的变形要小得多。美国物理学家 A. A. 迈克尔逊[1]在实验中发现，每 12 个小时，地球表面就会发生大约 1 英尺的变形，而海洋表面的变形只有 4~5 英尺。由于地壳的变形是缓慢而平稳地发生的，所以我们并没有意识到我们生活在一个摇晃的地球上，但是当我们观察到各大洲岸边的海洋潮汐上升时，我们必须记住，我们所看到的只是陆地和水的垂直运动的区别。

在我们全球范围内运行的大洋潮汐在海底（尤其是在白令海等浅海盆地）会经历摩擦，同时也会因与大陆岸线碰撞而失去能量。据两位英国科学家哈罗德·杰弗里斯爵士和杰弗里·泰勒爵士估计，潮汐连续做的总功力约为 20 亿马力。由于这种能量的耗散，地球在绕着轴线旋转的过程中会减慢，就像汽车的车轮在刹车时的速度一样。将潮汐中的这种能量损耗与地球自转的总能量进行比较，就会发现，地球每转一次就会减慢

---

1 迈克尔逊和光速，Bernard Jaffe，《科学研究丛书》，1960 年。

0.00000002 秒；每一天比前一天长两亿分之二秒。这是一个很小的变化，从今天到明天，或者从今年到来年，都没有办法衡量。但是，随着岁月的流逝，这个效果会不断累积。100 年的时间包含了 36525 天，所以 100 年前的天数比现在短了 0.0007 秒。平均来说，从那时到现在，一天的长度比现在短了 0.00035 秒。但是，由于 36525 天已经过去了，所以总的累计误差一定是：36525 天 ×0.00035=14 秒。

每百年 14 秒是个小数字，但在天文观测和计算的准确度范围内，是完全可以接受的。事实上，地球围绕轴线的自转速度减慢，解释了一个长期以来令天文学家困惑不解的问题。事实上，比较太阳、月球、水星和金星相对于固定恒星的位置，天文学家注意到，与 1 个世纪前根据天体力学计算出的位置相比，它们似乎系统性地超前了（图 16b）。如果一个电视节目比你预期的开始时间早了 15 分钟，如果你发现一家商店在关门前不到 15 分钟就关门了，如果你在确定会赶上火车的时候错过了火车，你不应该责怪电台、商店和铁路，而应该责怪你的手表。这可能是慢了 15 分钟。同样地，15 秒的天文事件的计时差异应该归咎于地球的减速，而不是所有天体的加速。在发现地球自转变慢之前，天文学家们一直把地球作为完美的时钟。现在他们知道得更清楚了，并介绍了潮汐摩擦造成的修正。

21 世纪初，著名的《物种起源》的作者、英国天文学家查尔斯·达尔文的儿子乔治·达尔文研究了长期以来，潮汐摩擦造成的能量损失如何影响地月系统的问题。

为了理解达尔文的论点，我们必须熟悉一个重要的力学量，即旋转或旋转的物质体的角动量。让我们考虑一个质量为 m 的物体，以 v 的速度绕着固定轴 AA' 旋转，并与之保持一定距离（图 17a）。这可能是地球绕着

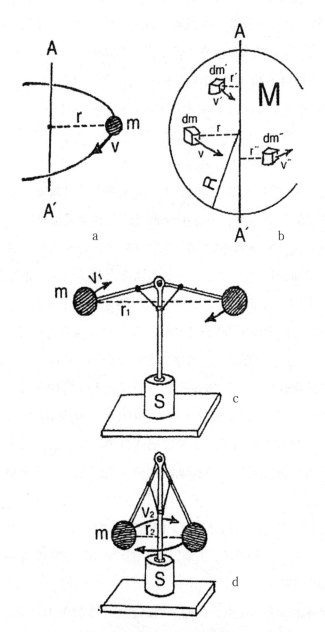

图 17　旋转或旋转体的角动量 (a) 是：体的质量 (m)、速度 (v) 和离旋
转轴的距离 (r) 的乘积

太阳旋转，也可能是月球绕着地球旋转，还可能是一个男孩手中的石头，绑在绳子上的石头，在周围摆动。角动量 I 的定义是指物体的质量、速度和离轴的距离的乘积。

$$I = mvr$$

当我们考虑到一个物质体，无论是飞轮还是地球，绕着一个穿过体中心的轴线旋转时，情况就变得有点复杂了（图 17b）[1]。在前一种情况下，身体的所有部分都以大约相同的速度运动（只要身体的大小与轨道的大小相比，身体的大小是很小的），而绕着一个穿过其中心的轴线旋转的身体的各个部分的速度却大不相同；身体的一部分离旋转轴越远，运动速度就越快。以地球为例，赤道上的点的速度比北极圈和南极圈上的点的速度要大得多，而两极上的点根本不动。那么，在这种情况下，我们该如何定义角动量呢？方法当然是用积分计算。

我们把整个物体的质量 m 分成大量的小块 dm、dm'、dm'' 等，然后计算出每个小块的角动量。图中所示的三个这样的小块分别位于距轴线的距离 r、r'、r''，其速度 v、v'、v''，当然，它们的速度与这些距离成正比。为了求出整个物体的角动量 I，我们必须将所有的角动量整合起来，写成：

$$I = \int dm_i v_i \, r_i$$

在这里，积分被扩展到整个物体上。利用微积分，可以证明：

$$I = \frac{2}{5} v_r r$$

其中 r 是旋转体的半径，vr 是其赤道上各点的速度。

经典力学的基本定律之一是由牛顿引申出来的角动量守恒定律，该定

---

1 计算旋转刚体的角动量 (b) 是通过无数个小块的角动量相加，如 dm、dm'、dm'' 等。在 (c) 和 (d) 中，为保存角动量而产生的速度变化由 (c) 和 (d) 所示

律指出，如果我们有任意数量的天体围绕着它们的轴线旋转，并围绕着它们的轴线互相旋转，那么系统的总角动量必须始终保持不变。

这个定律的初级课堂演示，可以用图 17 所示的小工具来进行。它由两根连接在垂直轴顶端的两根杆的两端的两个砝码组成，在一个插座 S 中可以以极小的摩擦力旋转。一个特殊的装置（图中未显示）允许我们随意将球举起（图 17c）或将其放下（图 17d）。

假设在高架位置（图 17c）上的砝码，让系统围绕着轴线旋转，从而向它传递一定量的角动量。根据前面的定义，每个球的角动量等于 mv_1r_1，其中 v_1 和 r_1 的含义如图 17c 所示。当系统在旋转时，我们将球降低到图 17d 所示的位置，使其与轴的新距离 r_2 变成之前距离 r_1 的二分之一。由于 mvr 不能改变，所以 r 降为原来的二分之一，必然导致 v 增加同样的系数。因此，角动量守恒定律要求速度必须加倍，事实上，在第二种情况下，我们可以观察到 $v_2=2v_1$。

这个原理被马戏团的杂技演员、冰上滑冰运动员等用来产生惊人的效果。在绳子上或在冰面上以相对较低的速度旋转，双手向两个方向横向伸展，突然将双手贴近身体，变成闪闪发光的旋涡。

回到地－月球系统，我们得出结论：角动量守恒定律要求，潮汐摩擦引起的地球绕轴旋转速度减慢，必然导致月球绕地球的轨道运动中的角动量等量增加。

角动量的增加会对月球的运动产生怎样的影响？月球轨道运动的角动量为：

$$I = mvr$$

其中 m 是月球的质量，v 是月球的速度，r 是轨道半径。另一方面，根据牛顿万有引力定律，结合离心力公式，我们可以得出：

$$\frac{GMm}{r^2} = \frac{mv^2}{r}$$

其中 M 是地球的质量，因此：

$$\frac{GM}{r} = v^2$$

由此，再加上上面对 I 的表达式，如下：

$$r = \frac{I^2}{GMm^2}$$

可以得出：

$$v = \frac{GMm}{I}$$

如果读者无法重现推导过程，可以相信作者的说法。从上述公式中可以得出：月球绕地球运动的角动量增加，必然导致月球离地球的距离增加，线速度下降。

根据观察到的地球自转的速度减慢，可以计算出月球每转一圈后退相当于三分之一英寸。因此，每次你看到新月的时候，它就会离你更远。三分之一英寸的月球距离只是天文距离的微小变化。但另一方面，地月系统肯定已经存在了几十亿年。把这些数字放在一起，乔治·达尔文发现，在40亿年到50亿年前，地球和月球一定是非常接近的，他提出，它们可能曾经是一个整体。分裂成两个部分，可能是由于太阳引力的潮汐力或其他一些在太阳系很久以前的灾难性事件造成的。达尔文的假说，在对月球起源感兴趣的科学家中引起了激烈的争论。虽然有些人是狂热的信徒（如果只是因为它的美丽），但也有人是苦大仇深的敌人。

关于月球的未来，可以根据天体力学计算出月球的未来。由于逐渐衰退的结果，月球最终将离地球如此之远，以至它将成为晚上的灯笼的替代品，相当无用。同时，太阳潮汐会逐渐减慢地球的自转速度（前提是海洋不结冰），到那时，一天的长度将大于一个月的长度。这时，月球潮汐的摩擦力将趋向于加速地球的自转，根据角动量守恒定律，月球将开始回到地球，直到最后它将像出生时一样接近地球。这时，地球的引力很可能会将月球撕成十亿个碎片，形成一个类似于土星的环状物。但天体力学所给出的这些事件的日期都是如此遥远，以至太阳很可能已经耗尽了它的核燃料，整个行星系统将被淹没在黑暗中。

第七章

天体力学的胜利

在一个世纪内，牛顿提出的万有引力定律和微积分的发明所播下的种子，就长成了一片美丽而茂密的森林。在法国伟大的数学家约瑟夫·路易斯·拉格朗日（1736—1813 年）和皮埃尔 - 西蒙·拉普拉斯（1749—1827年）等伟大的法国数学家的计算中，天体力学达到了科学上前所未有的完美。从开普勒的行星运动定律的简单性开始，如果行星完全在太阳引力的作用下运动，那么这个理论就会变得非常精确，而后考虑到行星之间的相互作用或相互扰动，使其发展到了高度的复杂性。当然，由于行星的质量比太阳的质量小得多，行星之间的相互引力作用所引起的运动扰动是非常小的，但如果要达到与精确的天文测量结果相媲美的精确性，就不能忽视这一点。这类计算需要耗费大量的时间和人力（由于电子计算机的使用而缓慢下来）。例如，美国天文学家布朗（E.W.Brown）花了大约 20 年的时间研究了数千条长长的数学数列中的几千个术语，用于计算他的三卷本《月球表》。

但这些费力的研究，往往会带来丰硕的成果。在 20 世纪中叶，一位年轻的法国天文学家勒威耶（U. J. J. Le Verrier）在比较他对 1781 年威廉·赫歇尔（William Herschel）意外发现的天王星的运动计算结果与天王星被发现后 63 年来观测到的位置时，发现一定有问题。观测结果和计算结果之间的差异高达 20 角秒（10 英里外的人所代表的角度），这种差异是观测和理论都不可能出现的误差。勒威耶怀疑这些差异是由于一些未知的行星在天王星轨道外移动所造成的扰动，于是他坐下来计算这个假设的行星必须有多大的质量，以及它必须如何移动才能符合观测到的天王星运动偏差。1846 年秋天，勒威耶给柏林天文台的伽勒（J. G. Galle）写了一封信："把你的望远镜对准水瓶座的黄道上的一个点，在经度为 326° 的地方你会发现在这个地方的 1° 内有一颗新的行星，看起来像一颗 9 等星，有一个可感知的圆盘。"

伽勒按照指示进行了观测。这颗被称为海王星的新行星在 1846 年 9 月 23 日晚被发现。英国人 J.C. 亚当斯（J.C.Adams）公平地与勒威耶共享了因数学计算发现海王星的荣誉，但剑桥大学天文台的查利斯（T.Challis），亚当斯向他传达了研究成果，但他的搜索速度太慢，因此错过了这次科学发现的机会。

这个故事在 21 世纪上半叶以不那么戏剧性的形式重复出现。哈佛天文台的美国天文学家皮克林（W. H. Pickering）和亚利桑那州的洛厄尔天文台的创始人帕西瓦尔·罗威尔（Percival Lowell）在 20 世纪末的时候，认为天王星和海王星的运动扰动表明，在海王星之外还有另一个行星的存在。但是，直到 1930 年洛厄尔天文台的 C.W.Tombaugh 在 1930 年才真正发现了这颗被称为冥王星的行星，可能是海王星的一颗逃逸卫星，研究这颗行星花了十多年的时间。这个发现实际上是由于预测还是由于费力的系统性搜索，似乎是个见仁见智的问题。

关于天体力学结果的精确性的另一个有趣的例子，是利用日食和月食的日期计算来建立地球这里的历史参照物。1887 年，奥地利的天文学家西奥多·冯·奥波尔泽（Theodore von Oppolzer）发表了一些表格，其中包含了从公元前 1207 年开始的所有日食和月食的计算术据，以及直到公元 2162 年的所有日食和月食——总共约 8000 次日食和 5200 次月食。使用这些数据，我们会发现，我们的历法落后了 4 年。事实上，根据历史记载，月食是犹太王希律王 "哀悼死亡" 的一种手段。根据冯·奥波尔泽的表格，唯一符合事实的月食发生在公元前 3 年 3 月 13 日（星期五？）。

其他历史上重要的日食记载有：公元前648年4月6日的日食，它使我们可以确定希腊年表中最早的日期，以及公元前911年的日食，它确定了古代亚述的年表。

对我们这些地球上的居民来说，特别感兴趣的是对地球轨道受其他行星扰动的计算。地球绕着太阳运动的椭圆并不像地球是单一行星那样保持不变，而是在太阳系其他成员的引力作用下缓慢摆动和脉动。我们在第五章中已经看到，月球–太阳的预衰退使我们的地球仪的自转轴在空间中描述了一个圆锥面，其周期为25800年。此外，在太阳系其他行星的引力作用下，地球的轨道在空间中的偏心率和倾斜度也在慢慢改变。其结果的变化可以用天体力学的方法非常精确地计算出来；图18显示了过去100000年和未来100000年的变化。这张图的上半部分给出了地球轨道的偏心率和主轴的旋转变化。地球的轨道虽然是椭圆，但与圆的差别很小，所以它的重心非常接近椭圆的几何中心。行进中的白圆代表了焦点相对于轨道中心的运动（大黑点）。当两点相距较远时，轨道的偏心率较大；当两点相距较近时，偏心率较小，如果两点重合，椭圆就会变成一个圆。在这张图的比例尺中，轨道本身的直径约为30英寸。

下图给出了轨道相对于空间中的不变平面的倾斜度的变化。这里绘制的是垂直于轨道平面的交点与固定恒星球面的交点的运动。我们注意到，80000年前，地球轨道的偏心率相当高，现在已经小了很多（交叉圆），再过20000年后仍然会变小。

地球轨道的变化对地球上的气候有深远的影响。偏心率的增加改变了地球与太阳的最小和最大距离之间的比值，从而增加了夏季和冬季的温差。地球轴线与地球轨道平面的倾斜度增加，也会增加夏冬温差。我们知道，如果地球的自转轴与地球轨道垂直，地球的温度一年四季都是恒定

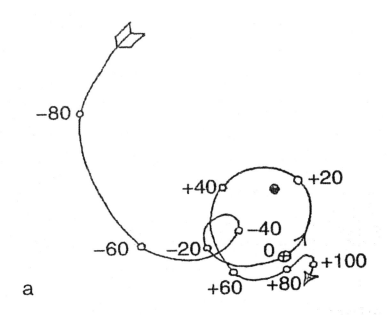

a

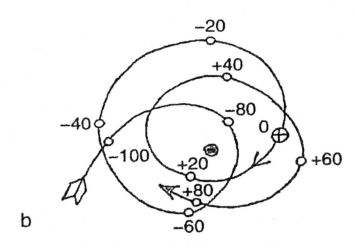

b

注：图中的数字显示的是过去或未来数千年的情况。

图 18　地球轨道的偏心率（a）和倾角（b）的变化，行星扰动引起的地
球轨道偏心率（a）和倾角（b）的变化

的。1938 年，南斯拉夫天文学家米兰科维奇（Milankovitch）试图用这些差异来解释冰川时期。在这一时期，来自北方的冰片定期在中纬度的低地上空前进和后退。米兰科维奇沿用了勒威耶的计算方法，与图 18 中的计算方法类似，但时间上要追溯到 60 万年前。对于他的标准，米兰科维奇以北纬 65° 的单位地表上的夏季太阳热量为标准，计算了过去不同时期的太阳热量，并计算出要找到相同的热量需要去多远的北方或南方。这些计算结果如图 19a 所示，在欧亚大陆北部海岸的轮廓上重叠显示。大的最大值表示太阳热量的基本减少，而最小值表示增加。因此，例如，在 10 万年前，北纬 65°（挪威中部）的热量与今天斯匹次贝尔根岛所在纬度的热量相当。另一方面，在大约 10000 年前，挪威中部仅在奥斯陆和斯德哥尔摩享受到了现在的太阳气候。图 19b 中的曲线代表了地质数据显示的冰原向南推进，我们注意到这两条曲线之间的一致性确实非常惊人。

图 19c 中的曲线仅对应于最近 10 万年，由加利福尼亚大学的汉斯·苏斯（Hans Suess）于 1956 年发表，它代表了过去地质时代的海水温度，是由著名的美国科学家哈罗德·乌雷（Harold Urey）于 1951 年首次提出的一种巧妙的方法估计的。这种方法是基于这样一个事实，即海底碳酸钙（$CaCO_3$）沉积物中的重、轻同位素氧（O_{18} 和 O_{16}）的比例取决于沉积时期的海水温度。因此，测量洋底以下不同深度的沉积物中的 O_{18}/O_{16} 比值，就像从船上降下的温度计上测出 10 万年前的水温一样肯定。Suess 对过去 1 万年来的海水温度曲线与米兰科维奇计算出的同一时期的温度曲线有相当好的一致性。因此，尽管有些气候学家反对说"温差几度就不可能产生冰河期"，但看来老塞尔布的说法是对的。因此，我们应该得出这样的结论：虽然行星并不影响个人的生活（如占星家所坚持的那样），但在漫长的地质历史长河中，它们肯定会影响人、动物和植物的生活。

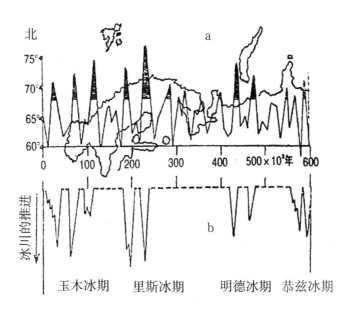

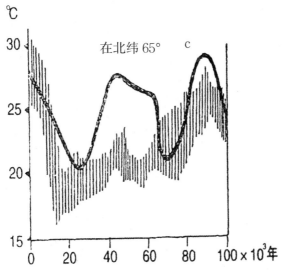

图 19 米兰科维奇的气候曲线 (a) 与过去的冰川前进 (b) 和海洋古温度
(c) 的比较

第八章

克服地心引力

　　"万物有起终有落"，这是一句经典的名言，但现在已经不适用了。近年来，从地球表面射出的一些火箭已经成为地球的人造卫星，寿命无限长，而另一些则永远消失在浩瀚的星际空间中。利用第四章中解释的引力势的概念，我们可以很容易地计算出一个物体如果永远不会再回来，那么它必须以怎样的速度从地球表面抛出，才有可能被抛出地球。我们已经看到，将一个质量为 m 的物体从地球表面升到离地球中心的距离 R 的时候，所做的功为：

$$GMm\left(\frac{1}{R_0}-\frac{1}{R}\right)$$

　　其中 G 为引力常数，M 为地球的质量，m 为物体的质量，R_0 为地球的半径。如果天体要超越回归点，我们必须把 $R=\infty$（无穷大），$1/R=0$。因此，在这种情况下，所做的功就变成了：

$$\frac{GMm}{R_0}$$

　　另一方面，质量为 m 的物体以速度 v 运动时的动能是：

$$\frac{1}{2}mv^2$$

　　因此，要想向它传递足够的能量来克服地心引力，必须满足以下条件：

$$\frac{1}{2}mv^2 \geq \frac{GMm}{R_0}$$

　　符号 $\geq$ 表示 "等于" 或 "大于"。由于 m 从这个方程的两边抵消，我们可以得出结论：无论轻质物体还是重质物体，都需要同样的速度将物体抛出地球引力的范围。

从上面的方程中，我们可以得到：

$$v \geqslant \sqrt{\frac{2GM}{R_0}}$$

代入 R_0=6.37×10^{8}cm，M=6.97×10^{27}g，G=6.66×10^{-8}，我们发现 11.2km/s 的速度 =25000 英里 / 小时。这就是逃逸速度，即物体不会掉回去的最小速度。

当然，由于地球大气层的存在，情况更加复杂。如果有人像法国著名科幻小说家儒勒·凡尔纳的《环月旅行》中描述的那样，以必要的逃逸速度从地球表面射出一枚炮弹，那么炮弹就永远不会到达。与儒勒·凡尔纳的描述相反，这样的炮弹会因为空气摩擦产生的热量而立刻熔化，碎片也会因为失去了最初的能量而掉落下来。这就是与炮弹相比火箭弹的优势所在。火箭从发射台发出时速度很慢，在爬升过程中逐渐提高速度。因此，它以摩擦热还不重要的速度通过地面大气层的密集层，并在空气稀少的高空获得全速飞行。当然，飞行初期的空气摩擦确实会造成一些能量的损失，但这些损失相对较小。

我们现在可以调查当火箭穿过地球大气层并燃烧完所有的推进燃料后，开始在太空中飞行时发生的情况。在图 20 中，我们给出了太阳系内行星（水星、金星、地球和火星）区域内的引力势的图形显示。主要的斜率是由于太阳的引力，由 $GM \odot /r$ 表示，其中 $M \odot$ 是太阳的质量，r 是火箭与太阳的距离。在这个一般的斜率上，是由各个行星的吸引力引起的局部 "引力倾角" 的叠加。倾角的深度以正确的比例尺表示，但它们的宽度被强烈夸大了，否则它们在图上看起来就像垂直线一样。在图的右下角

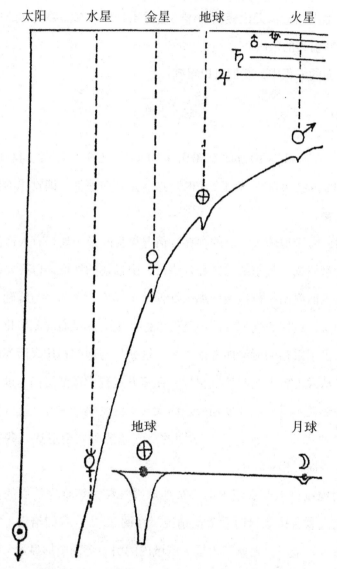

图 20 在太阳附近的引力势坡度，右边的地月引力势

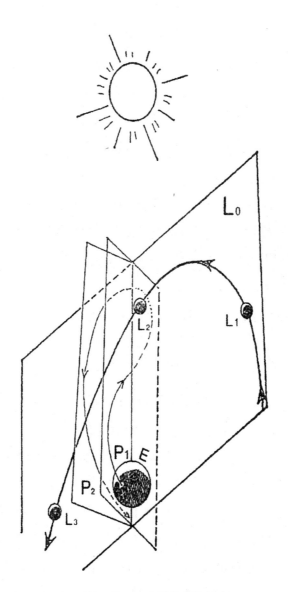

图 21　第一枚绕月火箭的飞行轨迹

显示的是地球和月球之间的空间引力势能的分布（比例尺要大得多）。由于地球到月球的距离比地球到太阳的距离要小得多，所以在这一区域的太阳引力势的变化几乎是不可察觉的。因此，要想把火箭送上月球，只需克服地球引力，并在合理的时间内有足够的速度，就可以将火箭送上月球。1959 年 10 月，俄罗斯的火箭手完成了这一壮举，成功地拍到了月球的另一面。图 21 给出了这枚名为 "Lunik" 的火箭在飞往月球和返回途中的轨迹。当火箭以很小的余速逃离地球引力时，必然会沿着地球的轨道紧紧地移动，不会靠近太阳，也不会远离太阳。要想脱离地球轨道，火箭必须有足够的速度爬上太阳引力曲线的斜率。从图 20 可以看出，要到达火星轨道所需攀登的高度约为地球引力坑深度的 6.5 倍。由于运动的动能随速度的平方增加而增加，因此这样的火箭速度至少要有

$$11.2 \times \sqrt{6.5} = 28 \, \text{km/s}$$

为什么不选择一个更容易的工作，下到金星而不是上到火星呢？具有讽刺意味的是，对于弹道导弹来说，下坡和上坡一样难。问题的关键是，火箭在摆脱地球引力后，将被束缚在地球轨道上。如果火箭要想离太阳更远，其速度必须大幅提高，这就需要大量的额外燃料。但要想接近太阳，就没有那么容易了！由于火箭在空旷的空间中飞驰，不能像汽车一样踩下刹车来降低速度，只有当火箭从前面射出强大的喷气机时，才能降低速度，这将需要与从后面射出喷气机加速所需的燃料量差不多。但是，由于金星的轨道比火星的轨道离我们更近，引力势能的差值只有地球引力倾角的 5 倍，任务也相应地容易一些。而事实上，1961 年 2 月 12 日，俄罗斯的火箭学家们向金星发射了一枚火箭，这枚火箭是由普通的化学燃料推动的，基于图 22a 所示的多级原理，却再也没有回来。几枚大小递减的火箭

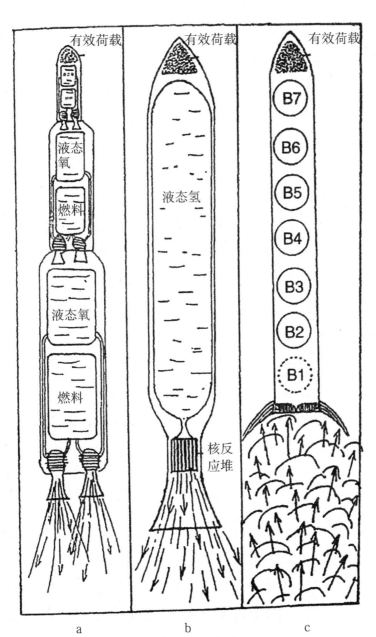

图22 （a）多级化学火箭；（b）常规核火箭；（c）非常规核火箭

一个接一个地排列，通过发射第一级，也就是底部最大的火箭的发动机，开始旅程。当这个模态图腾柱达到最大的上升速度，第一级火箭的燃料箱空了之后，它与其他火箭分离，第二级火箭的发动机启动。这个过程一直持续下去，直到最后一级火箭，包含了仪器、小鼠、猴子或人，最终被加速到所需的速度。

目前正在深入研究的另一种可能性是利用核能。必须记住，太空船的推进力与海空船的推进力完全不同。对于后者，我们所需要的是能量，因为这些飞船是通过推动周围的介质，不管是水还是空气来推进。人不可能在真空中推动，而太空船是通过喷嘴喷出一些飞船携带的物质来推动。在普通的化学燃料火箭中，我们有二合一的情况。能量是由燃料和两个单独的罐体中携带的氧化剂发生化学反应产生的，反应的产物作为喷口喷出的材料。但由于燃烧的产物（主要是二氧化碳和水蒸气）是由相对较重的分子组成的，这就抵消了使用能量产生过程的产物作为喷出材料的优势。射流驱动车辆的理论表明，推力随着形成射流的分子重量的增加而减小。因此，使用最轻的化学元素——氢作为喷气式飞机的燃料是有利的，但是氢作为一种元素，并不是任何燃烧的结果。不过，可以做的是，将液态氢装在一个罐子里，用某种核反应堆将其加热到很高的温度。这种核火箭的示意图如图22b所示。

图22c是另一个有前途的火箭推进用核能的建议，最初由洛斯阿拉莫斯科学实验室的斯塔尼斯拉夫·乌拉姆（Stanislaw Ulam）博士提出，如图22c所示。火箭的机体内装满了大量的小型原子弹，这些原子弹从后方的开口处逐一射出，在火箭后方一段距离内爆炸。这些爆炸产生的高速气体将超越火箭，对火箭后方的大圆盘施加压力。这些连续的撞击将加大火箭的速度，直到火箭达到预期的速度。对这种推进方法的初步研究结果表

明，它可能优于反应堆加热氢气设计。

在这样一本非技术性的书中，很难描述空间飞行进展的所有可能性，我们在本章的最后强调一个重要的观点。在将太空船送至太阳系的远方（也许还有更远的地方）时，人们面临着两个截然不同的问题。第一，如何摆脱地球的引力？第二，在逃逸之后，如何获得足够的速度到达我们的目的地？到目前为止，在这个方向上的所有尝试都只限于给火箭足够的初始速度，使其逃出地球引力，并留有足够的速度到其他地方去。然而，人们可以把这两个任务分开，用不同的推进方式来完成第一步和第二步。

要离开地球表面，需要一个剧烈的动作，因为如果火箭发动机的推力不够大，火箭会"呼呼"地喘气，但不能从发射台上升空。这里就需要使用强大的化学或核推进方法。一旦太空船被升空，进入绕地球的卫星轨道，情况就变得完全不同了。我们现在有充足的时间来加速太空船，可以使用不那么猛烈、更经济的推进方式。仍然可以用化学能或核能，或者用太阳光提供的能量，但一个人不急，也不至有坠落的危险。被送入地球轨道的太空船需要时间来加速飞行，沿着螺旋形轨道缓慢地展开，最终凝聚起足够的速度来完成任务。很有可能，一开始就采取剧烈的行动，而后半程则以更悠闲的方式航行，这将是未来解决太空旅行问题的办法。

第九章

爱因斯坦的万有引力理论 [1]

---

1 这一章和下一章的内容紧跟作者发表在 1961 年 3 月《科学美国人》杂志上的文章《万有引力》。

牛顿的理论在描述天体运动最细微的细节方面取得了巨大的成功，成为物理学和天文学史上一个值得纪念的时代。然而，关于引力相互作用的性质，特别是引力质量和惯性质量之间的比例关系的原因，使所有天体以相同的加速度落下，直到 1914 年爱因斯坦发表了一篇关于这个问题的论文，仍然是不明确。在十年前，爱因斯坦就提出了他的《相对论》，在该论文中，他假设，在一个封闭的密室内进行的任何观察，即使可以把密室变成一个最复杂的物理实验室，也无法回答密室是静止还是沿直线匀速运动的问题。在此基础上，爱因斯坦摒弃了绝对匀速运动的思想，抛出了"世界乙醚"这一古老而矛盾的概念，并建立了他的相对论，使物理学发生了革命性的变化。事实上，在航行在平坦的海面上的船舱内（本章是在"伊丽莎白女王号"的船舱内写的），或者在拉上窗帘的飞机上在安静的空气中飞行，没有任何机械、光学或其他物理测量方法可以提供任何信息，说明船是在浮空还是在干船坞，飞机是在空中还是在机场。如果海面波涛汹涌，空气不畅，或者船只撞上冰山，飞机撞上山顶，情况就完全不同了；任何偏离均匀运动的情况都会让人痛苦地注意到。

为了解决这个问题，爱因斯坦把自己想象成现代宇航员，并考虑在一个远离任何大引力质量的空间观测站中进行各种物理实验的结果（图23）。在这样的空间站中，在静止或对着遥远的恒星做匀速运动时，实验室内的观察者和所有没有固定在墙壁上的仪器都会自由地浮在舱内。没有"上"，也没有"下"。但是，只要火箭发动机一启动，并在一定方向上加速，就会观察到类似于地心引力的现象。所有的仪器和人都会被压在火箭发动机旁边的墙壁上。这面墙将成为"地板"，而对面的墙则成为"天花板"人们将能够站起来，站起来的时候就像站在地上一样。此外，如果太空船的加速度与地球表面的重力加速度相等，那么里面的人很可能相信他们的飞船仍然站在发射台上。

假设，为了测试这种 "伪重力"的特性，在加速火箭内的观察者应该

图 23　阿尔伯特·爱因斯坦乘坐想象中的（思想 - 实验）火箭

同时释放两个球体，一个是铁球，一个是木球。实际发生的情况可以用下面的话来描述。当观察者将这两个球体握在手中时，球体随着火箭船的马达驱动，以加速的方式运动。然而，只要他一松开球体，使其与火箭船的身体分离，就不会再有任何驱动力作用于球体，球体将以与火箭船释放时的速度并排运动。然而，火箭飞船本身的速度会不断提升，空间实验室的"地板"很快就会超越两个球体同时"撞上"。对于释放了两个球体的观察者来说，这个现象似乎不是这样的。他将看到球体同时落下并"撞上地板"。而他会想起伽利略在比萨斜塔上的演示，会更加相信在他的空间实验室里确实存在着一个有规律的引力场。

这两种关于球体会做什么的描述都是同样正确的，爱因斯坦把这两种观点的等效性纳入了他的新的相对论引力理论的基础中。然而，这种在加速室内进行的观测和在"真实的"引力场中进行的观测之间的所谓等效原则，如果只适用于机械现象，那就显得微不足道了。爱因斯坦的想法是，这种等效性是相当普遍的，也适用于光学和所有电磁现象。

让我们考虑一下，一束光在我们的空间室中从一壁传播到另一壁会发生什么。我们可以观察到光的传播路径，如果我们把一系列的荧光玻璃板穿过它，或者简单地把香烟的烟雾吹进光束中，就可以观察到光的传播路径。图24显示了光束穿过时的"实际"情况。在A中，光线照射到第一块玻璃板的上部，产生一个荧光点。在B中，当光线到达第二块板时，它在靠近板子中间的位置产生荧光。在C中，光照到第三块板时，仍然在低处。由于火箭的运动是加速的，所以在第二个时间间隔内走过的距离是第一个时间间隔内走过的距离3倍，因此，3个荧光点不是在一条直线上，而是在一条向下弯曲的曲线（抛物线）上。实验室内的观察者，考虑到他所观察到的所有现象都是由引力引起的，就会从实验中得出结论：光束在

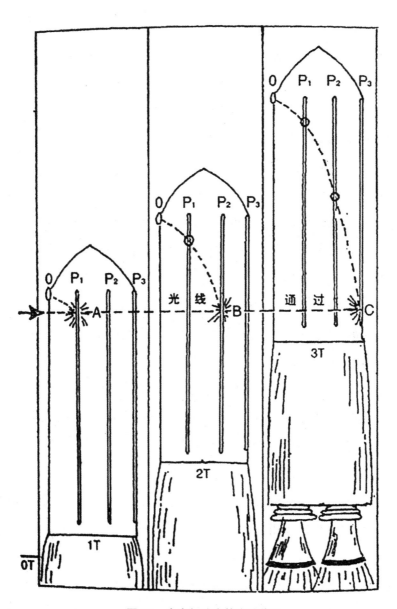

图 24　光在加速火箭中的传播

引力场中传播时，光束是弯曲的。因此，爱因斯坦得出结论，如果说等效性原理是物理学的一般原理，那么来自遥远恒星的光束如果在到达地面观察者的途中经过接近太阳表面的光束应该是弯曲的。他的结论在1919年的日食中得到了证实，当时英国的一个天文考察队到非洲考察，观察到了日食附近恒星的表观位置的位移。因此，引力场和加速系统的等效性成为物理学中一个不争的事实。

我们现在来谈谈另一种加速运动及其与引力场的关系。目前，我们已经谈到了速度改变数值而不改变方向的情况。也有一种运动类型是速度改变了方向而不改变数值的运动，即旋转运动。想象一下，一个旋转木马（图23），四周挂满了帘子，里面的人无法通过观察周围的环境来判断平台是否在旋转。大家都知道，站在旋转平台上的人似乎受到了离心力的作用，离心力将他推向平台的边缘，而放在平台上的小球就会向中心滚去。作用在任何放置在平台上的物体上的离心力都与物体的质量成正比，所以在这里我们又可以把其看成是引力场。但它是一个非常奇特的引力场，与地球或太阳周围的场相当不同。首先，它所代表的是吸引力，而不是随着距离中心的距离的平方而减少，它所对应的是排斥力，与其成比例地增加。其次，它不是在中心质量周围呈球状对称的，而是在中心轴周围具有圆柱形对称性，与平台的自转轴重合。但爱因斯坦的等效原理在这里也起作用，这些力可以解释为由分布在对称轴周围大距离的引力质量引起的。

在这样一个旋转平台上发生的物理事件，可以根据爱因斯坦的"相对论"来解释，根据这个理论，测量棒的长度和时钟的速度受其运动的影响。事实上，该理论的两个基本结论是：

1. 如果我们观察一个物体以一定的速度 v 从我们身边经过，那么它在

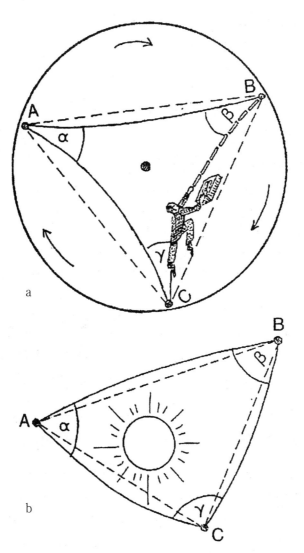

a

b

图 25　旋转平台上的一些实验 (a)；围绕太阳的三角测量 (b)

运动方向看起来会收缩，收缩的系数是：

$$\sqrt{1-\frac{v^2}{c^2}}$$

其中 c 是光速。对于与光速相比非常小的普通速度，这个系数几乎等于 1，不会出现明显的收缩。但当 v 接近 c 时，这个影响就变得非常显著。

2. 如果我们观察到一个时钟以 v 的速度从我们身边经过，它就会显得时间在丢失，它的速率会减慢一个因数，即

$$1\bigg/\sqrt{1-\frac{v^2}{c^2}}$$

与空间收缩的情况一样，只有当速度 v 接近光速时，才能观察到这种效应。

考虑到这两个效应，让我们考虑一下在旋转平台上的各种观测结果。假设我们想找到光在平台上不同点之间的传播规律。我们选取旋转圆盘外围的两个点 A 和 B（图 25a），其中一个点作为光的来源，另一个点作为光的受体。根据光学的基本定律，光总是沿着最短的路径传播。旋转平台上的点 A 和点 B 之间的最短路径是什么？为了测量连接 A 和 B 的任何一条线的长度，我们将在这里使用一种老式但总是安全的方法，即沿点 A 和点 B 之间的线的长度，使用码尺，如果圆盘不旋转，情况很明显，点 A 和点 B 之间的最短距离是沿欧几里得几何的直线。但是，如果圆盘是旋转的，那么沿 AB 线放置的码尺是以一定的速度运动的，因此，预计它们的长度会发生相对收缩。这时，人们将需要更多的棍来覆盖这个距离。然而，这里出现了一个有趣的情况。如果一个人把码尺移近中心，它的线速度就会变小，它的线速度就不会像离得更远时那样收缩。因此，将码尺的线向中心弯曲，我们将需要较少的码尺，因为虽然"实际"距离有点长，

但每根码尺的收缩量较小，可以弥补这个缺点。如果我们用光波来代替码尺，我们就会得出一个结论，那就是光线也会向着引力场的方向弯曲，而引力场在这里是偏离中心的。

在离开旋转木马平台之前，让我们再做一个实验。我们取一对相同的时钟，将一个放在平台的中心，另一个放在平台的外围。由于第一只钟处于静止状态，而第二只钟以一定的速度运动，所以第二只钟相对于第一只钟来说走得慢些。将离心力解释为引力，就会说，放在较高引力势能（即引力作用方向）上的时钟将移动得更慢。这种减速同样适用于所有其他物理、化学和生物现象。一个在帝国大厦一楼工作的打字员会比在顶楼工作的双胞胎妹妹衰老得更慢。然而，这种差别是非常小的；可以计算出，十年后，在一楼工作的打字员将比在顶楼工作的双胞胎姐妹小几百万分之一秒。而在地球表面和太阳表面的引力差，其影响要大得多。一个放置在太阳表面的时钟，相对于地球上的时钟来说，速度会减慢万分之一。当然，谁也不可能把时钟放在太阳表面上看着它走，但通过观察太阳在大气中原子发射的光谱线的频率，证实了预期的减速效果。

双胞胎姐妹因为工作地点不同，引力势能不同，所以衰老的速度也不同，这与双胞胎兄弟的问题密切相关，一个坐在家里，而另一个经常出差。让我们想象一下，一对双胞胎兄弟，一个是宇宙飞船的驾驶员，另一个在地球表面某处太空站工作。作为驾驶员的哥哥开始执行前往某个遥远的恒星的任务，以接近光速的速度驾驶他的宇宙飞船，而他的双胞胎弟弟则在太空站继续他的办公室工作。根据爱因斯坦的说法，两个人都比另一个衰老得慢。因此，当宇宙飞船驾驶员哥哥回到地球后，人们认为他会发现办公室的弟弟比自己老得慢，而办公室里的弟弟却会得出完全相反的结论。这显然是无稽之谈，因为如果用头发变白来衡量年龄，两兄弟并排站在镜子前就能看出谁的年龄更大。

对这个悖论的答案是，关于双胞胎兄弟的相对年龄的说法只有在相对论的框架内才是正确的，因为相对论只考虑匀速运动。在这种情况下，飞行员哥哥肯定不会再来，因此不可能和雇员弟弟并排站在镜子前比较白发，而雇员弟弟也不可能去找哥哥比较。兄弟俩最好的办法是有两台电视机：一台在终端办公室里，显示飞行员哥哥和他的时钟在宇宙飞船的驾驶舱里，另一台在宇宙飞船里，显示雇员弟弟在办公桌前，办公室的时钟在他的头顶上（图 26）。

华盛顿大学的尤金·芬伯格（Eugene Feenberg）博士根据众所周知的无线电信号传播定律，从理论上研究了这种情况，得出的结论是：看着电视屏幕，每个兄弟确实会观察到另一个兄弟的衰老速度比较慢。但如果飞行的兄弟必须回来，他必须先减速，使宇宙飞船完全停下来，然后加速回国。这种必然性使这对双胞胎兄弟完全处于不同的位置。正如我们之前看到的那样，加速和减速相当于一个引力场，引力场会减慢时钟的速度，也会减慢所有其他现象的速度。而且，正如在帝国大厦一楼工作的打字员会比在顶楼工作的双胞胎妹妹衰老得更慢一样，飞行中的哥哥也会比地面上的双胞胎弟弟衰老得更慢。因此，如果飞行的时间足够长，归来的飞行员看着双胞胎弟弟闪闪发亮的光头，就会捻起自己的黑胡子。因此，这里根本就不存在悖论。

马里兰大学的 S.F. 辛格提出了一个有趣的实验，旨在证实时间被引力减慢的现象（如果需要进一步证实的话），他建议在卫星上放置一个原子钟，在地球表面以上不同高度的环形轨道上行驶的卫星上放置一个原子钟。据计算，对于在小于地球半径的高度上行驶的卫星，其主要的相对论

图 26 两部电视上所观察到的双胞胎兄弟的相对衰老状况

效应将是由于速度减慢了时钟的速度，并由时间衰减系数 $\sqrt{1-\dfrac{v^2}{c}}$ 给出。然而，对于更高的高度，速度效应的重要性将变得更小，时钟不但不会失去时间，反而会因为处于较弱的引力场中而获得时间（就像在帝国大厦顶部工作的女孩一样）。几乎没有任何疑问，这个有趣的实验将证实爱因斯坦的理论。

这一讨论使我们得出了这样一个结论：在引力场中传播的光，不是沿着一条直线，而是沿着引力场的方向弯曲，而且由于码子的收缩，两点之间的最短距离不是直线，而是同样沿着引力场的方向弯曲的曲线。但是，除了真空中的光的轨迹或两点之间的最短距离之外，还能给 "直线" 下什么定义呢？爱因斯坦的想法是，在引力场的情况下，应该保留旧有的 "直线" 的定义，不是说光的轨迹和最短距离是弯曲的，而是说空间本身是弯曲的。很难设想出一个弯曲的三维空间，更难设想出一个以时间作为第四坐标的弯曲的四维空间。最好的办法是用我们很容易直观的二维曲面做类比。我们都熟悉平面欧几里得几何学，它是指在一个平面上可以画出的各种图形，也就是平面。但是，如果我们不在平面上画几何图形，而是在曲面上画几何图形，比如球体的表面，欧几里得定理就不再适用了。这在图27 中得到了证明，图27 代表了在平面（a）、球面（b）、以及被称为马鞍面（c）的曲面上画的三角形。

对于一个平面上的三角形，三个角之和总是等于180°。对于球面上的三角形，三个角的总和总是大于180°，超出的部分取决于三角形的大小与球面的大小之比。对于在马鞍面上画出的三角形，三个角的总和小于180°。诚然，在球面和马鞍面上形成的三角形的线从三维角度来看并不是 "直的"，但它们是 "最直的"。也就是说，如果一个点被限制在有

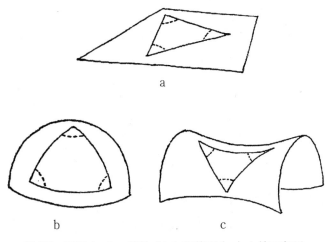

图27　平面（a）、球体（b）和鞍面（c）上的三角形

关的表面上，它们是两点之间最短的距离。为了不混淆术语，数学家将这些线称为大地线或简单地称为大地线。

　　同样地，我们可以说到三维空间中连接两点的大地线或最短的线，光线会沿着两点传播。而且，测量一个三角形在空间中的三个角的总和，如果这个总和等于180°，我们可以称这个空间为平坦的，如果这个总和大于180°，我们可以称这个空间为球状或正弯，如果小于180°，我们可以称这个空间为马鞍状或负弯。想象一下，三位天文学家在地球、金星和火星上测量由光束在这三颗行星之间移动所形成的三角形的角度。由于正如我们所看到的那样，通过太阳引力场传播的光束会沿着引力的方向弯曲，所以情况如图25b所示，三角形的内角之和大于180°。在这种情况下，我们可以合理地说明，光是沿着最短的距离传播的，或者说是地线传播的，但太阳周围的空间是正向的弧形。同样，在相当于旋转圆盘上的离心力场的引力场中（图25a），一个三角形的内角之和小于180°，同样，在引力场中，这个空间必须被认为是负意义上的弯曲。

上述论点代表了爱因斯坦万有引力几何理论的基础。他的理论取代了旧的牛顿的观点，根据这一观点，大质量的太阳等大质量物体在周围空间中产生一定的力场，使行星沿着弯曲的轨迹而不是直线运动。在爱因斯坦的观点中，空间本身变成了弯曲的，而行星沿着弯曲空间中的"最直的"，也就是大地线运动。为了避免误解，应该补充的是，我们在这里指的是四维时空连续体中的大地线，当然，如果说轨道本身就是三维空间中的大地线，那是错误的。这种情况如图 28 所示，图 28 示意性地说明了这一情况，图中的时间轴 t 和两条空间轴 x 和 y 位于轨道的平面内。绕线，被称为运动物体（本例中的地球）的世界线，是时空连续体中的大地线，爱因斯坦将万有引力解释为时空连续体的曲率，导致的结果与经典牛顿理论的预测略有不同，因此可以通过观测验证。

例如，它解释了水星轨道主轴每世纪 43 个角秒的前行，从而解开了古典天体力学的一个长期以来的谜团。

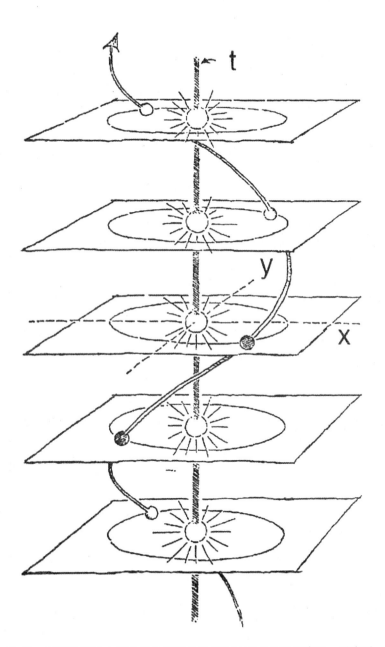

图28　时空连续体中移动的地球的世界线在这里用坐标系表示，垂直时间轴 t 和两个空间轴 x 和 y

第十章

地心引力未解决的问题

在迈克尔·法拉第（1791—1867年）的实验室日记中，他对电和磁学知识做出了许多重要贡献，1849年有一个有趣的条目。其中写道：

重力。当然，这个力必须能够与电、磁力和其他力有实验性的关系，从而使它与它们建立起相互作用和等效的关系。请考虑一下，如何通过事实和实验来接触这个问题。

但是，这位著名的英国物理学家为了发现这样的关系而进行的无数次实验都是无果而终，他用这些话结束了他日记中的这一节。

在这里结束我的实验，目前。结果是否定的。他们并没有动摇我对引力和电之间的关系的存在的强烈感觉，虽然他们没有给出这样的关系存在的证据。这是非常奇怪的，重力理论，起源于牛顿，由爱因斯坦完成，现在应该站在雄伟的孤立，一个泰姬陵（图29）的科学，几乎没有什么，如果有什么东西做的快速发展，在其他的物理学分支的发展。爱因斯坦对引力场的概念是从他的《特殊的引力场》中发展起来的。而狭义相对论是在20世纪英国物理学家詹姆斯·克拉克·麦克斯韦（1831—1879年）在20世纪制订的电磁场理论的基础上提出的。尽管爱因斯坦和后来的人多次尝试，但都未能与麦克斯韦的电动力学建立起任何联系。

爱因斯坦的引力理论与量子理论几乎是同时代的，但在它们出现后的45年中，这两个理论的发展速度却大相径庭。由马克斯·普朗克提出并由尼尔斯·玻尔、路易·德·布罗格利、埃尔温·薛定谔、维尔纳·海森堡等人的工作推进，量子理论取得了巨大的进展，并发展成为一门广泛的学科，详细解释了原子及其原子核的内部结构。另一方面，爱因斯坦的万有引力理论直到今天基本上还停留在半个世纪前他提出的时候。虽然有成百

图 29　万有引力神殿（神殿上的字母是爱因斯坦相对论万有引力的基本方程）

上千的科学家在研究量子理论的各个分支，并将其应用于许多领域的实验研究中，但只有少数人坚持不懈地投入时间和热情，在万有引力的研究中进一步发展。难道说，空间比物质体更简单吗？还是说爱因斯坦的天才在我们这个时代完成了关于万有引力的一切研究，从而使一代人失去了进步的希望？

爱因斯坦在将万有引力还原为时空连续体的几何属性后，他认为电磁场也必须有一些纯粹的几何解释。从这一信念中成长起来的统一场论，走得很艰难，然而，爱因斯坦死后，他以前的作品没有产生任何简单、优雅和令人信服的东西。现在看来，引力和电磁力之间的真正关系，只有通过理解基本粒子来理解，我们现在听到这么多，并学习为什么那些特定的粒子与那些特定的质量和电荷在自然界中确实存在。

这里的一个基本问题涉及粒子之间的引力和电磁相互作用的相对强度。在本书的前面，我们已经引出了引力定律，它确立了吸引力与距离之间的反平方关系。法国科学家库仑（Charles A. Coulomb，1736—1806）在1784年证明了电荷之间的力的类似反平方定律。

假设我们考虑两个质量为 4×10^{-26}g，介于质子和电子的质量之间，相距 r 的两个粒子之间的电和引力。根据库仑定律，静电力由 $\dfrac{e^2}{r^2}$ 给出，其中 e（4.77×10^{-10}esu）[1] 为基本电荷。另一方面，根据牛顿定律，引力间作用力由 $\dfrac{GM^2}{r^2}$ 给出，其中 G（6.67×10^{-8}）为引力常数，M（4×10^{-26} g）为中间质量。两力之比为 $\dfrac{e^2}{GM^2}$，数值上等于 1×10^{40}。任何声称要描述电磁学和引力之间关系的理论，都必须解释为什么这两个粒子之间的电相互作用

---

1 一个静电电荷单位被定义为一个电荷，它以一个达因的力排斥距离为 1 厘米的相等电荷。

力比引力相互作用力大 10^{40} 倍。必须记住，这个比值是一个纯数字，无论用哪种单位制来测量各种物理量，都是不变的。在理论公式中，人们常常会有数字常数，这些常数可以用纯数学的方式推导出来。但这些数值常数通常是小数，如 2π、$3/5$、$\pi^2/3$ 等。那么如何从数学上推导出 1×10^{40} 这样大的常数呢？

20 多年前，英国著名物理学家 P.A.M. 狄拉克提出了一个非常有趣的建议。他提出，1×10^{40} 这个数字不是一个常数，而是一个随着时间变化的变量，它与我们的宇宙年龄有关。根据膨胀宇宙理论，我们的宇宙大约在 5×10^9 年或 10^{17} 秒前就有了它的起源。当然，1 年或 1 秒都是非常随意的时间单位，人们更应该选择一个基本的时间间隔，可以从物质和光的基本属性中推导出一个基本的时间间隔。一个非常合理的方法是，选择光的传播距离等于基本粒子的直径所需的时间间隔作为基本时间单位。由于所有的基本粒子的直径约为 3×10^{-13}cm，而光的速度是 3×10^{10}cm/s，所以这个基本时间单位是：

$$\frac{3\times10^{-13}}{3\times10^{10}}=10^{-23}\text{s}$$

将目前宇宙的年龄（10^{17} 秒）除以这个时间间隔，我们得到 $\frac{10^{17}}{10^{-23}}=10^{40}$，这与观测到的静电和引力的比例相同数量级。因此，狄拉克说，电力和引力的大比例是我们现在的宇宙时代的特征。当宇宙的年龄是现在的一半时，这个比例也是现在的二分之一。由于有充分的理由假设基本电荷（e）不随时间变化，狄拉克得出结论，认为是引力常数（G）随时间的推移而减少，这种减少可能与宇宙的膨胀和填充宇宙的物质的稳定稀少有关。

狄拉克的这些观点后来受到爱德华·泰勒（Edward Teller）的批评，他指出，引力常数 G 的变化将导致地球表面温度的变化。事实上，引力的减少将导致行星轨道半径的增加，而这些半径的增加（根据力学定律可以证明）将与 G 成反比。这种减小也会导致太阳内部平衡的扭曲，从而导致其中心温度的变化，以及产生热核反应的能量产生速率。

从恒星的内部结构和能量产生理论可以看出，太阳的光照度 [1]L 会随着 $G^{7.25}$ 的变化而变化。由于地球表面温度的变化是太阳的光亮度的第四根除以地球轨道半径的平方，因此，如果 G 的变化与时间成反比，那么它将与 $G^{2.4}$ 成正比或与（时间）2.4 成反比。假设太阳系的年龄为 30 亿年，这在他出版时似乎是正确的，Teller 计算出在寒武纪时期（5 亿年前），地球的温度一定比水的沸点高 50℃左右，所以我们地球上的所有水一定是以热蒸汽的形式存在。根据地质资料，在这一时期存在着发达的海洋生物，所以泰勒得出结论，狄拉克关于引力常数变异性的假说不可能是正确的。然而，在过去的 10 年里，太阳系的年龄估计值已经被改变，朝着更高的数值发展，正确的数字可能是 50 亿年甚至更久。这将使原始海洋的温度低于水的沸点，并使古老的泰勒反对意见失效，前提是三叶虫类和硅藻类软体动物可以生活在非常热的水中。它还可能有助于古生物学理论，因为在生命进化的早期阶段增加了热变异的速度，并在更早的时期提供了核酸合成所需的高温，而核酸与蛋白质一起构成了所有生物的基本化学成分。因此，引力常数的变异性问题仍未解决。

---

1 光源的光照度是指单位时间内发出的光量。

引力和量子理论

牛顿的质量之间的引力相互作用定律，我们已经看到，是类似于电荷之间的静电相互作用定律，而爱因斯坦的引力场理论与麦克斯韦的电磁场理论有许多共同点。因此，这是自然而然的期望。一个振荡的质量应该产生引力波，就像振荡的电荷产生电磁波一样。在 1918 年发表的一篇著名的文章中，爱因斯坦确实得到了他的广义相对论基本方程的解，代表了以光速在空间中传播的引力扰动。如果它们存在，引力波一定会携带能量；但它们的强度，或者说它们所传递的能量是极小的。例如，地球在绕太阳的轨道运动中，应该发出约 0.001 瓦特，这将导致地球在 10 亿年内向太阳落下一百万分之一厘米的距离！但目前还没有人想过这样的方法。目前，还没有人想出一种能探测到如此微弱的波的方法。

引力波是否像电磁波一样，被分成离散的能量包，或者说是量子波？这个和量子理论一样古老的问题，终于在两年前被狄拉克解答了。他成功地将引力场方程量化，并表明引力子的能量等于普朗克常数 h 乘以它们的频率，这与给出光量子或光子能量的表达式相同。然而，引力子的自旋是光子的两倍。

由于其弱点，引力波在天体力学中并不重要。但是，引力子在基本粒子的物理学中可能也有一些作用。这些物质的终极比特以各种方式相互作用，通过发射或吸收适当的"场量子"的方式。因此，电磁相互作用（例如，对立面带电体的吸引力）涉及光子的发射或吸收；推测引力子的相互作用与引力子有类似的关系。在过去的几年中，人们已经清楚地认识到，物质的相互作用可以分为不同的类别：（1）强相互作用，包括电磁力；（2）弱相互作用，如放射性核的"β衰变"，其中一个电子和一个中微子的发射；（3）引力相互作用，这类相互作用比"弱"的相互作用弱得多。

相互作用的强度与发射或吸收其量子的速率或概率有关。例如，一个原子核发射一个光子大约需要1×10^{-12}秒（百万分之一秒的亿万分之一）。相比之下，一个中子的β衰变需要12分钟，大约需要1×10^{14}倍的时间。可以计算出，一个原子核发射引力子所需的时间是1×10^{60}秒，也就是1×10^{53}年！这比弱相互作用要慢得多。这速度是弱相互作用的$\dfrac{1}{10^{58}}$。

现在，中微子本身是一种极低的粒子，与其他类型的物质有极低的吸收概率，也就是相互作用。它们没有电荷，也没有质量。早在1933年尼尔斯·玻尔就曾问过："中微子和引力波的量子之间的区别是什么？"在弱相互作用中，中微子是与其他粒子一起发射的。那么只涉及中微子的过程呢？比如说，一个中微子-泛微子对的激发核的发射呢？没有人检测到这样的事件，但它们可能会发生，也许与引力相互作用的时间尺度相同。一对中微子会提供两个自旋，也就是狄拉克计算出的引力子的值。当然，所有这些都是最纯粹的猜测，但中微子和引力之间的联系是一种令人兴奋的理论可能性。

反重力

　　威尔斯在他的一个奇幻故事中描述了一个英国发明家卡弗尔先生，他发现了一种叫作"卡弗尔石"的材料，这种材料对地心引力是无法阻挡的。正如铜板和铁板可以用来屏蔽电和磁力一样，卡弗尔石板可以屏蔽地球引力的物质物体，任何物体放在这样的板子上面都会失去所有的，或者说至少是大部分的重量。卡弗尔先生建造了一个大的球形吊船，四面都被卡弗尔石百叶窗包围，可以关闭或打开。有一天晚上，当月亮在空中高悬的时候，他进入吊船，把所有朝向地面的百叶窗都关上，然后打开所有朝向月亮的百叶窗。关上的百叶窗切断了地面引力的作用，只受月球的引力作用，吊车飞上了太空，载着卡弗尔先生在卫星表面进行了许多不寻常的冒险。为什么说这样的发明是不可能的呢？牛顿的万有引力定律、库仑定律中的电荷相互作用定律和汉弗莱·吉尔伯特爵士的磁极相互作用定律之间存在着相似性。而且，既然能屏蔽电荷和磁力，为什么不能屏蔽引力呢？

　　要回答这个问题，我们必须考虑电磁屏蔽的机理，这与物质的原子结构密切相关。每个原子或分子都是一个由正负电荷组成的系统，在金属中，存在着大量的自由负电子在正电荷离子的晶格中运动。当一块材料被置于电场中，电荷向相反的方向位移，有人说，材料变成了电极化。这种极化引起的新的电场与原来的电场方向相反，两者的叠加使其强度降低。在磁屏蔽中也有类似的效果，因为大多数原子代表着微小的磁体，当材料被置于外部磁场中时，这些磁体就会变得定向。这里又一次是由于原子粒子的磁极化导致磁场强度的降低。

物质的引力极化将使引力的屏蔽成为可能，这就要求物质由两种粒子组成：具有正引力质量的粒子将被地球吸引，而具有负引力质量的粒子将被排斥。正负电荷以及两种磁极在自然界中是同样丰富的，但具有负引力质量的粒子，至少在普通原子和分子的结构中是未知的。因此，普通物质不可能具有引力极性，这是屏蔽引力的必要条件。但是，在过去几十年中，物理学家们一直在玩的反粒子呢？难道说，正电子、负质子、反质子、反微子和其他颠倒的粒子，会不会和它们的相反电荷一起，也有负引力质量呢？这个问题乍一看，似乎很容易用实验来回答。人们要做的就是看一束由正电子或负质子组成的水平光束在地球引力场中是向下还是向上弯曲。由于核轰击方法人为产生的所有粒子都是以接近光速的速度运动，所以水平光束在地球引力的作用下（不管是向上还是向下）的弯曲是非常小的，大约相当于每公里长的轨道上 1×10^{-12} 厘米（核直径！）。当然，我们可以尝试将这些粒子减慢到热速度，就像对普通中子[1]一样，在中子实验中，一束快速中子被射入一个节制块中，观察到出现的慢下来的中子从节制块中以与雨滴落下的速度一样的速度从节制块中落下。但中子的减速是由于与缓控物质的原子核发生碰撞的结果，而好的缓控剂，如碳或重

1 见《中子的故事》，唐纳德·J. 休斯著，《科学研究丛书》，1959 年。

水，是指那些原子核对中子亲和力低的物质，在多次连续碰撞中不会吞噬中子。当然，任何由普通物质制成的缓和剂，都会成为反中子的死亡陷阱，反中子会立即与普通原子核中的普通中子一起湮灭。因此，从实验的角度看，反粒子的引力质量的标志问题仍然没有解决。

从理论的角度来看，这个问题也仍然是开放的，因为我们还没有理论可以预测引力和电磁相互作用之间的关系。但是，可以说，如果未来的实验结果表明，反粒子具有负引力质量，将给整个爱因斯坦引力理论带来沉痛的打击，因为它否定了等效原理。事实上，如果一个在爱因斯坦加速室内的观察者释放出一个具有负引力质量的苹果，那么这个苹果将 "向上坠落"（相对于宇宙飞船而言），从外部观察到的是，苹果将以大于宇宙飞船两倍的加速度运动，而不受任何外力的影响。因此，我们将被迫在牛顿的惯性定律和爱因斯坦的等效原理之间做出选择，这确实是一个非常困难的选择。